KB237679

| 정보통신기술ICT융합, 0과 1 알고리즘을 더블클릭하다 |

4차 산업혁명 시대
IT 트렌드 따라잡기

오컴(Occam) 지음

살림

· 차례 ·

4장 블록체인

5장 증강/가상현실

1장

4차 산업혁명, 아직은 만들어진 개념

산업혁명, 수확체감법칙의 극복

4차 산업혁명을 정의하려면 당연히 1차, 2차, 3차 산업혁명 구분도 필요하다. 『2016 다보스 리포트』(김정욱 외, 매일경제신문사, 2006)에서 구분한 기준은 다음과 같다.

- 1차 산업혁명(1784년): 증기기관 혁명과 기계화 생산 설비

- 2차 산업혁명(1870년): 전기를 활용한 대량생산

- 3차 산업혁명(1969년): 컴퓨터를 활용한 정보화·자동화 생
  산 시스템

- 4차 산업혁명(2010년 이후): 실재와 가상의 통합으로 사물들

을 자동·지능적으로 제어하는 가상물리^{Cyber Physical} 시스

템 구축

　하지만 이 구분 방식은 기계화 시스템의 발명과 그 이
후 점차 자동화돼가는 생산방식에 국한된 접근이다. 산업
혁명이란 말은 원래 기술 발전에 따른 사회변화를 설명하
기 위해 사용됐다. 1837년 프랑스의 경제학자 브랑키<sup>Louis
Auguste Blanqui</sup>는 18세기 말 영국에서 나타난 기술 발전이 일
으킨 광범위한 사회변화를 처음으로 산업혁명이라 칭했
고, 1845년 독일에서는 엥겔스^{Friedrich Engels}가 영국에서 노
동자계급의 역사는 증기기관과 면화 직조기계의 발명과 함
께 시작됐다고 말했다. 이때까지는 산업혁명이란 용어가 간
헐적으로 사용됐지만 많은 사람들에게 널리 보급되기 시
작한 것은 산업혁명이 태동하고 약 100년 후부터다. 『역사
의 연구』를 쓴 문명사학자 아널드 조지프 토인비<sup>Arnold Joseph
Toynbee</sup>(1889~1975)의 삼촌 중에 이름이 똑같은 경제사학자
아놀드 토인비 ^{Arnold Toynbee}(1852~1883)가 있다. 바로 그가
남긴 책에서 '산업혁명'이라는 용어가 구체적으로 부각되
기 시작했다. 그의 유고작인 『18세기 영국 산업혁명 강의』가
1884년에 출간된 뒤 산업혁명은 단순히 기술발전을 논하는

것이 아니라 급격한 사회경제적 전환의 과정으로 받아들이기 시작한 것이다. 토인비는 산업혁명을 6개의 속성으로 정리했는데, 특히 기계화된 생산시설에서 비롯된 산업혁명이 노동자의 생활을 악화시켰다는 부정적 함의를 이 책에 담았다. 다음과 같이 정리된 것 중 여섯 번째 속성이 바로 "결과로서의 빈부 격차 확대와 노동자 지위 약화"다.

1. 도시인구의 큰 증가

2. 농지 혁명

3. 기계의 도입과 공장제의 성립

4. 교통수단의 변혁

5. 경기순환의 출현

6. 결과로서의 빈부 격차 확대와 노동자 지위 약화

-『영국 산업혁명의 재조명』(김종현, 서울대학교출판문화원, 2013.)

위와 같은 토인비의 분석은 1차 산업혁명이 발생한 지 약 100년 뒤의 일이다. 이는 산업혁명이란 용어를 사용하기 위해서는 단순히 기술의 진보만을 보고 판단할 수는 없다는 의미이기도 하다. 토인비는 산업혁명을 "증기기관이 낡은 질서를 산산조각 내고 새로운 형태의 사회경제 체제로 급속히 전환된 것"이라고 말했다.

토인비의 설명에서 주목해야 할 점은 바로 '급속히'다. 산업혁명을 그 이전 시대와 단절된 것으로 보는가, 전 시대까지의 지평에서 발아된 것으로 보는가(이른바 '역사적 맹아론')에 대한 논쟁은 있지만 개인의 삶과 사회구조가 급변한 것은 사실이다. 중세까지의 봉건 경제 체제와 공동체주의와는 다르게 증기기관에서 비롯된 산업혁명이 자본주의와 개인주의, 경쟁주의, 법률주의를 급격히 촉발시킨 것은 사실이다(물론, 근대 자본주의에 대해 중세 및 근세로부터 싹을 틔우기 시작했다는 맹아론도 존재한다).

산업혁명의 기술혁신은 농업 종사자들을 도시로 모여들게 해 임금 노동자를 양산했으며, 귀족이 토지를 소유하는 대신 자본가가 공장을 소유하는 체제로 변화를 일으켰다. 이 과정에서 도시 인프라는 근대화되고 사회 전체의 부富는 증대되었으며, 개개인 삶의 질적 수준도 평균적으로 증대했다. 그와 동시에 빈부격차에 따른 양극화도 시작됐다. 하지만 분명한 것은 1차 산업혁명으로 이른바 '맬서스 트랩Malthus's Trap'이 깨졌다.

기술적 진보가 소득을 증가시키지만 증가된 소득은 그에 걸맞게 인구가 늘면 금세 생산력의 한계치를 넘어버려 소득

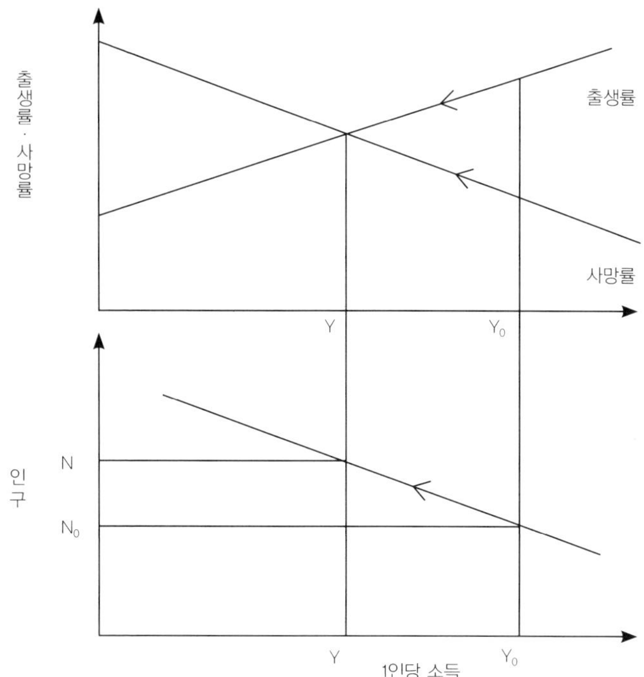

◆ 맬서스 경제의 장기적 평형 상태
출처: 그레고리 클라크, 『맬서스, 산업혁명 그리고 이해할 수 없는 신세계』

이 정체하는 현상을 맞게 된다는것이 맬서스 트랩(덫)이다. 맬서스의 덫은 맬서스나 데이비드 리카도David Ricardo 등이 말한 바대로 수확체감법칙에서 비롯된다. 본격적인 산업혁명 시대 이전에는 투입될 생산요소가 토지, 노동, 자본 이 3가지밖에 없었다. 이에 리카도는 수확체감법칙에 근거해 개인의 실질임금은 항상 최저 소득 수준으로 회귀할 수밖에 없다고 했다. 자본가나 숙련노동자층(전문가 집단) 이외의 노동자 소득 상승은 일시적인 현상에 불과하다는 것이다. 그래서 맬서스는 국가의 구제 정책 같은 것은 중장기적으로 사회 전체 수준을 비참하게 만드는 역설적 잔인함을 드러낸 것일 뿐이라고 주장했다. 하지만 산업혁명 이후부터는 기술이 주요한 생산요소가 됨으로써 하향하는 수확체감법칙의 곡선이 끝을 모르는 상승곡선으로 치솟게 된다. 이에 산업혁명이 인류사 처음으로 빈곤을 필연의 문제가 아닌 사회 선택의 문제로 만

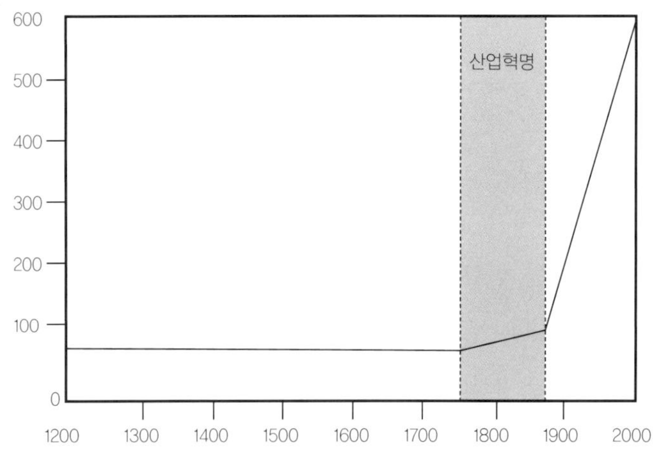

◆영국의 1인당 실질소득(1260~2000년대)

출처: 그레고리 클라크, 『맬서스, 산업혁명 그리고 이해할 수 없는 신세계』

들었다는 평가도 있다.

　수확체감법칙과 관련해 요즘에 말하는 4차 산업혁명이 사실은 3차 산업혁명의 연장선상에 있다는 논의도 많다. 수확체감법칙의 고삐를 느슨하게 만든 것은 증기기관인데, 증기기관을 가능케 한 것은 에너지 혁명이란 것이다. 이에 리글리E.A.Wrigley는 산업혁명 이전에는 유기체 기반의 에너지원, 즉 사람과 동물의 근력, 1차원적인 풍력과 수력 등의 자연 에너지를 활용했고 이후에는 석탄 같은 광물 기반의 에너지를 활용했다고 말한다. 드디어 기계를 돌리는 에너지를 발견하고 에너지 손실을 줄이는 기술을 발전시킨 것이 곧 산업혁명을 불러일으켰다는 것이다.

　유발 하라리Yuval Noah Harari는 그의 저서 『사피엔스』에서 산업혁명의 과정을 '에너지를 효율적으로 사용하는 것에 대한 심리적 장벽을 깬 것'이라고 설명한다. 처음엔 물을 끓이기 위해 석탄을 사용하다가 그다음엔 방직기를 돌리는 데 사용했다. 이 과정에서 점차 효율성이 개선되는 것을 보고 인류가 '운송기관에도 증기 에너지를 사용하면 어떨까?'라고 생각하게 됐다는 것이다. 어떤 형태의 에너지든 인간보다 생산성이 좋은 기계의 에너지원으로 사용하는 것에 대해 고민하기 시작하면서 전력, 원자력 등의 새로운 에너지가 계속 생겨

났다는 것이다.

유발 하라리처럼 제러미 리프킨Jeremy Rifkin도 산업혁명의 핵심을 혁신적 기술의 등장이라기보다는 새로운 에너지의 혁명적 등장에 있다고 본다. 그는 『3차 산업혁명』에서 19세기의 1차 산업혁명은 증기기관에너지, 2차 산업혁명은 전기에너지에 있었다고 한다면, 3차 산업혁명은 재생 가능한 에너지여야 하고 사회 전체적으로 분산, 생산, 저장될 수 있어야 한다고 말한다. 이를 요약하자면 다음과 같다.

1. 재생 가능 에너지로 전환한다.

2. 모든 대륙의 건물을 현장에서 재생 가능 에너지를 생산할 수 있는 미니 발전소로 변형한다.

3. 모든 건물과 인프라 전체에 수소 저장 기술 및 여타의 저장 기술을 보급해 불규칙적으로 생성되는 에너지를 보존한다.

4. 인터넷 기술을 활용해 모든 대륙의 파워 그리드Power grid를 인터넷과 동일한 원리로 작동하는 에너지 공유인 인터그리드Shared intergrid로 전환한다.

5. 교통수단을 전원 연결 및 연료전지 차량으로 교체하고 대륙별 양방향 스마트그리드Smart grid상에서 전기를 사고팔 수 있게 한다.

     4차 산업혁명 시대 IT 트렌드 따라잡기

그의 다른 저서인 『한계비용 제로 사회』의 부제가 '사물인 터넷과 공유경제의 부상'인 데에는 이런 관점이 깔려있는 것 이다. 사실 공유경제는 자본주의 이전의 중세와 근세의 공동 체주의에 입각한 것이고 사물인터넷 비즈니스는 현재 자본 주의의 최전방에 서 있는 원뿔 중 하나인데, 이를 관념적으로 연결하는 것은 한때 적절하게 보이지 않기도 했다. 현재 추세 로는 사물인터넷이 그의 말대로 사회 인프라가 될 가능성이 높다고 판단되나(사물인터넷 기반의 서비스는 여전히 기업의 비즈 니스 영역임), 기업의 비즈니스 기반이 아닌 인간의 이기심을 극복한 진정한 공유경제가 결합될 수 있을지는 두고 봐야 할 문제다.

산업혁명이 새로운 기술 발명 또는 혁신적인 에너지원의 발견만으로 이루어진 것이 아니라는 논의는 많다. 가령, 영국 에서 증기기관에 의한 산업혁명이 일어난 것은 인플레이션 율이 2퍼센트 미만으로 유지돼 사회경제 기반이 탁월했기 때 문이라는 주장도 있다. 또 스페인이 아메리카에서 '은'을 가 져와 역설적으로 자국의 산업을 파멸시키는 동안, 영국은 이 른바 '튜더 계획'을 실시해 자국의 경제를 발전시켰다. 즉 쇄 국적 직물 제조 정책을 강행함으로써 빈부격차로 인한 새로 운 계급이 등장하여 각 개인들 간의 경쟁을 불러일으켰다는 것이다. 이와 관련해 애덤 스미스Adam Smith도 영국의 산업화가 성공적이었던 것은 개인들에게 경쟁에 대한 유인 동기를 제공했기 때문이라고 보았다. 창조와 생산이 돈을 벌게 해주고, 재산권을 보장해주며, 낮은 세율 등의 사회 인프라가 있었기 때문이란 것이다. 이에 『2016 다보스 리포트』에서도 4차 산업혁명의 성공 조건을 노동시장의 유연성, 기술 수준, 교육 시스템, 사회 간접자본, 법적·제도적 이슈로 정리했다.

21세기 호모사피엔스

4차 산업혁명이란 말은 당분간은 모든 이슈를 집어 삼키는 이 세상 크기만 한 냄비가 될 것이다. 사실 이렇게 광범위하게 쓰이는 단어는 그 정밀함이 떨어져 계속해서 '과도기적 용어'로 사용되겠지만, 우리 모두는 학자가 아니기 때문에 용어 정의의 정치精緻(정교하고 치밀하다)함에 목을 맬 필요는 없다. 단어를 안다고 단어 사이의 맥락을 이해할 수 있는 것은 아니다. 차라리 인공지능을 중심으로 각각 엄청나게 빠른 속도로 발전하면서도 서로 밀착된 기술을, '산업혁명'이 아닌 '기술혁명'이라 불러도 좋다. 현재 4차 산업혁명 이슈를 혁신적 기술과 새로운 산업 영역의 등장으로 빚어진 경기순환의 한 국면으로 봐도 좋고(콘트라티에프 순환Kondratieff cycle), 다니엘 벨Daniel Bell이 『탈산업시대의 도래』에서 정리한 기술혁명으로 봐도 좋다.

1차 기술혁명 : 증기기관 기계 기반의 공장 설립

2차 기술혁명 : 전기와 화학의 등장

3차 기술혁명 : 전자공학

다니엘 벨의 『탈산업시대의 도래』는 제조업에서 서비스업으로 변화하는 시대의 변화상을 고찰한 책이지만 우리에게 여전히 많은 영감을 준다. 왜냐하면, 그가 말한 탈산업시대(서비스업 시대)의 속성들이 당장의 4차 산업혁명의 시대의 제조업, 서비스업 모두에서 그대로 적용되고 있기 때문이다. 전자공학과 컴퓨터공학 기반의 제3의 기술혁명은 공간 기반의 모든 시스템을 시간 기반의 디지털 형태로 변환, 대체하고 있기 때문이다. 이를 제러미 리프킨은 『소유의 종말』에서 시간이 공간에 대해 우위를 점하는 '시산時産의 시대'라고 했고, 다니엘 벨은 '거리의 소멸death of distance'라고 했다. 현재 새로운 기술 간의 융합이 가능한 이유는 모두 0과 1로 디지

털화돼 있기 때문이다. 센서 등의 부품은 점차 소형화·지능
화돼가고 있고, 프로세서(컴퓨터의 중앙처리장치)의 계산량은
기하급수적으로 증가하고 있다. 비정형 데이터들을 분석할
수 있는 빅데이터와 인공지능 관련 기술의 발전은 그의 표현
대로라면 지금의 세상을 '이론적 지식의 부호화codification of
theoretical knowledge'로 만들었다. 인간이 창조한 알고리즘과
프로그래밍이 이 세계를 뒤덮고 있는 것이다.

레이 커즈와일Ray Kurzweil은 그의 저서 『21세기 호모사피
엔스』의 시작을 다음과 같이 한다. "사람들은 짧은 기간에 무
슨 일이 일어날 수 있는가에 대해서는 과대평가하고 긴 시간
에 걸쳐 일어나는 변화는 과소평가한다." 2016년 다보스 포
럼에서 발표된 자료들은 국가와 대중에게 큰 충격을 줬다.
4차 산업혁명 시대 속에서 노동집약적 산업 중심인 국가들이
나 새로운 시대에 적응하기 힘든 수준의 사회제도 망을 갖고
있는 나라들은 더더욱 후퇴할 것이라고 경고했기 때문이다.
게다가 5년 안에 500만 개의 일자리가 순감純減할 것이란 전
망은 사람들에게 불안감을 심어주기에 충분했다. 세계적 컨
설팅 업체인 롤랜드 버거도 아마존이 구축한 키바 시스템Kiva
Systems(키바 로봇이 관리하는 물류 창고관리시스템)으로 인해 유로
존에서만 물류에 관한 직접적 일자리가 150만 개 이상 상실

될 것으로 발표했다.

4차 산업혁명이든 3차 기술혁명이든 인공지능을 중심으로 기존에 없던 속도로 연결된 사물인터넷, 자율주행자동차, 증강/가상현실, 헬스케어 등의 기술은 우리의 사회문화, 법과 제도, 철학과 예술을 뿌리째 흔들 것은 분명하다. 다니엘 벨은 이를 두고 "사람들이 산업혁명을 투표로 선택하지 않았다"고 표현했다. 산업혁명이 결과적으로 최소한의 저항을 받으면서 계속 전진하는 이유는 누군가에게 이윤을 창출해주기도 하고, 전체 평균적으로도 삶의 질을 높여주기 때문이다. 그럼에도 사람들이 불안에 떠는 이유는 본인과 가족의 후세가 상대적 가난에 처할지도 모르기 때문이다. 유고슬라비아 공산당의 영웅이었던 밀로반 질라스Milovan Djilas는 마르크스주의와 결별을 선언했는데, 그 이유는 공산권의 특권계급을 뜻하는 '노멘클라투라nomenklatura'라는 말에 함축돼 있다. 자본의 소유가 계급을 만드는 것이 아니라, 자신의 지위를 자식들에게 재생산할 수 있는 특권적 지위와 능력을 가진 자들이 새로운 계급이라는 것이다. 이것이 부통령까지 지낸 그가 마르크스주의를 비판하고 반기를 든 이유다. 이처럼 오늘날에도 감히 따라잡을 수 없는 속도의 신기술로 무장하고 있는 기업들과 뛰어난 소수의 개인들만이 4차 산업혁명 시대 속네오-노멘클라투라가 될지도 모른다는 불안감이 우리 모두에게 있는 것이다.

다니엘 벨은 1차 기술혁명과 2차 기술혁명의 과도기에, 심지어는 전기 동력이 도입된 2차 기술혁명의 시대에도 상당 기간 1차 기술혁명 때의 습관을 벗어나지 못함을 지적하기도 했다. 1차 기술혁명 시대 때의 공장에서는 여러 기계들이 직선의 동력벨트 축을 중심으로 그룹핑돼 있었다. 증기 동력으로 기계들이 움직였기 때문에 기계들 간에 떨어져 있으면 열에너지 공급원에서 벗어나기 때문이다. 전기 동력이 도입된 이후에는 굳이 일렬로 기계를 배치할 필요가 없었음에도 오랜 기간 공장 시스템이 과거의 습관대로 운영했다는 것이다. 현재 서울 강남권에서 열풍이 불고 있는 소프트웨어 및 사물 인터넷 학원교육도 이와 비슷한 것이 아닐까?

레이 커즈와일은 1999년에 출간된 『21세기 호모 사피엔스』에서 2009년, 2019년, 2029년, 2099년의 생활과 사회상을 묘사했다. 이 중에서 2009년을 예측한 몇 개의 장면은 아래와 같다. 비록 2009년보다는 더 늦은 시기에 보편화되고 있는 것들이지만, 본질적 기술 기반의 예측은 틀리지 않았다.

• 사람들은 보통 자신의 몸 주변에 랜으로 연결된 10여 개의

컴퓨터를 가지고 있다. 이 컴퓨터로 통신을 할 수도 있고, 웹 검색이나 신체 기능을 모니터도 할 수 있고, 자동적인 신원 확인도 가능하고, 또 주행 방향을 안다거나 기타 다양한 서비스를 이용할 수도 있다.

- 컴퓨터는 언제 어디서나 접근할 수 있는 세계적 규모의 네트워크에 무선으로 연결돼 있으며, 안정적이고 순간적인 광대역 폭의 통신을 할 수 있다.

- 컴퓨터 디스플레이는 안경에도 설치된다. 이 특수 안경을 쓰면 보통의 시각 환경과 가상현실 영상을 동시에 볼 수 있다. 안경에 장착된 작은 레이저가 가상 영상을 만들어서 사용자의 망막으로 직접 투사하는 방식이다.

- 지능형 도로가 장거리 여행에 이용되고 있다. 자동차의 컴퓨터 안내 시스템을 고속도로 위의 통제 센서에 맞추고, 운전하는 동안 편하게 앉아 있기만 해도 목적지에 도착한다. 그러나 지방도로는 아직 기존 방식으로 남아 있다.

- 미시시피의 서쪽, 메이슨 딕슨 라인(펜실베이니아주와 메릴랜드주 사이의 경계선으로, 옛날 미국의 남부와 북부를 가르는 선이었다)의 북쪽에 있는 한 회사는 총 주식 평가액이 1조 달러를 넘어섰다.

- 의사들은 촉각 인터페이스를 포함한 가상현실 환경에서 수

련한다. 원격진료가 가능하며, 진찰은 언제나 패턴인식 소프트웨어와 공동 작업으로 진행된다. 시각적 디스플레이와 쌍방향 음성 통신이 가능한 지식베이스가 사용되며 환자들의 모든 기록은 컴퓨터 데이터베이스에 기록된다.

- 기술 사다리가 계속해서 위로 올라감에 따라, 네오러다이트 Neo Luddite(첨단 과학기술 문명에 반대해 반기술과 인간성 회복을 기치로 내걸고 펼치는 기계파괴행동) 운동이 전개되고 있다. 예전의 러다이트Luddite운동과 마찬가지로 그 영향력은 신기술이 제공하는 경제적 번영에 의해 제약된다. 하류층의 숫자는 그대로 유지되며 공적 부조와 일반적인 풍요를 통해 정치적으로는 중립화된다.

새로운 기술이 등장할 때마다 사회는 그에 맞게끔 변화할 수밖에 없다. 가령, 택시 이전에 마차가 등장했을 때는 그에 맞는 규제가 필요했다. 샌프란시스코의 유명한 사업가였던 채드본Chadbourn은 늦은 밤 마차를 타고 귀가하던 중 마부로부터 요금을 더 내지 않을 거면 내리라는 협박을 당했다. 채드본은 어쩔 수 없이 가던 길 중간에서 내렸지만, 이런 부당한 마부의 횡포를 계기로 의회에 안건을 내걸어 마차와 마부를 규제하기 위한 법안을 통과시켰다. 이것이 현재 택시 일련번호의 기원이 됐다. 1890년에 통과된 「채드본 법령Chadbourn Ordinance」은 마차·마부에 대한 등록 제도이며, 마부는 지역 경찰서에서 인증을 받아야만 면허 등록이 가능했다. 또한 마부는 필수로 명찰을 착용해야 하고, 명찰 일련번호와 마차의 일련번호는 동일해야 했다.

우버Uber(스마트폰을 기반으로 서비스하는 미국의 운송 네트워크)는 수요와 공급 상황에 따라 탄력적으로 가격이 조정되는 '서지프라이싱Surgepricing(선행 가격 변동 시스템)'을 운영하고 있었는데, 미국의 한 고객이 2015년 12월 뉴욕 지방법원에 우버를 제소했다. 이유는 평소의 가격보다 8배가 나왔기 때문이다. 2016년 3월에 1심 판결이 나왔는데, 우버가 가격 알고리즘으로 담합했다는 취지였다. 물론 우버는 인공지능 기반의 알고리즘을 이용했을 뿐 운전기사들과 카르텔을 맺지 않았다고 주장했다. 하지만 법원에서는 우버의 운전기사들이 기존 방식의 경쟁을 하지 않고, 탄력적 가격 조정 알고리즘을 동일하게 이용했으므로 담합이라고 판결했다. 이때 적용한 법률 논리는 우버 플랫폼hub과 사업자 관계에 있는 운전기사들spoke이 동일 시스템을 이용해 수평적으로 담합했다는 것이다. 만약 운전기사들이 우버 직원인 고용 형태였다면 1심 판결은 달라졌을 수도 있다.

점점 인간의 지능을 뛰어넘는 인공지능이 인간을 대신해 심사나 거래를 포함한 의사결정을 할 수 있고, 이에 따라 인간의 고유 권한으로 인식됐던 계약권과 재산권, 더 나아가서는 인격권의 문제도 발생할 수 있다. 이에 대비해 구체적인 예를 들자면 자율주행자동차의 기술 발전과 현실화 속도에 따라 한국의 「도로교통법」 「자동차관리법」 「자동차손해배상보장법」 등도 수정될 필요가 있다. 4차 산업혁명 시대에 발맞추어 하루빨리 법률과 행정절차를 포함한 제도가 마련되어야 한다. 또한 법철학과 철학에 대한 탐구도 동시에 이뤄져야 법률적 혼란과 인권침해를 최소화하는 합리적 법제가 완성될 것이다.

새로운 종족의 출현,
또는 인식 지평의 뒤틀림

사람들은 기술의 진화가 제공하는 편의성을 금세 받아들이고 익숙해지지만, 기술의 발전에 따른 불안감 또한 언제나 감추지 못한다. 로봇과 인공지능에게 일자리를 빼앗길까 봐 두려워하고, 더 나아가 인공지능에게 인간이 복종 당하거나 인간의 의지로 기존의 질서를 더는 재편하지 못할까 봐 공포를 느낀다. 공포영화의 장르로 포장되는 좀비 영화는 사실 인간이 새로이 적응해야 할 시스템에 대한 공포나, 어쩌면 새로운 종족과 신세계의 출현에 대한 인간의 깊은 불안감이 투영된 것인지도 모른다.

자본주의가 세계화되기 전에는 일자리를 뺏기는 것이 두려운 것이 아니라 노동을 하는 것이 두려웠었다. 고된 노동은 노예나 하층민의 것인 데다 엄격한 신분제도로 인해 자신의 능력과 수고를 들여 노동을 한다고 해도 운명을 바꿀 수 없었기 때문이다. 미국 남북전쟁 전의 아이티Republic of Haiti에는 아프리카 베냉만(가나, 나이지리아, 토고 일대지역)에서 끌려온 노예들이 많았다. 그들의 토속신앙은 부두Voodoo(보두Vodou, 보둔Vodun)로 불렸는데 그 종교의 제사상은 죽은 자를 다시 살려낼 수 있었다. 당시 아이티 등지에 있던 노예들이 가장 두려워한 주술 행위는 남자 사제 홍간Houngan이 죽은 자를 되살려, 좀비로 만든 후 다시 사탕수수 농장으로 보내는 것이었다.

그런데 이제 개인주의와 자본주의가 시스템으로 정착되고 산업혁명으로 자동화가 가속화되면서 사람들은 노동을 하는 것이 아닌 노동을 하지 못하는 것에 불안을 느끼고 있다. 영국 작가인 새뮤얼 버틀러Samuel Butler는 1872년에 발표한 소설 『에러혼Erewhon』에서 "우리는 될 수 있는 한 많은 기계를 부숴야 한다. 그렇지 않으면 기계는 우리를 완전히 지배하는 폭군이 될 것이다"라고 말했다. 이 소설의 모티브가 1811년부터 1817년까지 영국에서 있었던 러다이트운동인 것은 명백하다. 러다이트 운동은 영국 산업혁명이 초래한 실업의 위기에 저항해 '노동자들이 직물 기계를 파괴하는 것'이었다.

앨빈 토플러Alvin Toffler는 『권력이동』(1990)에서 미래의 세계에서는 프롤레타리아(무산계급, 노동계급)가 사라지고, 육체노동이 아닌 지식, 두뇌의 사용에 바탕을 둔 유식 계급 '코그니타리아cognitariat'가 등장할 것이라고 했다. 또 『누구를 위한 미래인가』(2012)에서는 앞으로는 창의성이 중시되는 노동이 득세할 것이라고 했다. 현재 미국에서는 전체 인구의 4퍼센트만이 농민이고 제조업 종사자들도 비중이 점차 줄어들 것이라는 전망도 덧붙였다. 하지만 이제 사람들은 지식노동조차 인공지능이 대체할 것이라는 불안감에 시달리고 있다. 이는 특히, 4차 산업혁명이란 용어를 쓰는 대신 '정보화 혁명'이라는 용어로 제3의 물결 안에서 21세기를 전망한 앨빈 토플러와 대중의 시각 차이일 수도 있다.

인공지능에 대한 통찰력 또는 상상력을 보여준 책 『마음의 아이들』(2011)을 쓴 한스 모라벡Hans Moravec은 인간이 원숭이보다 머리가 30배 좋지만, 2040년쯤의 로봇은 20세기의 로봇보다 성능이 100만 배 이상 좋아질 것이라고 말했다. 이미 인공지능은 의료 진단, 법무나 세무 상담 및 처리에서 인간보다 나은 성과를 거두고 있다. 또한 음악, 미술, 문학의 영역에서도 창의성을 발휘하고 있기 때문이다.

물론 인공지능이 고흐의 그림을 분석해 고흐의 예술적 성과를 똑같이 흉내 낼 수는 있다 해도, 인공지능은 베낀다는 그 사실을 인지하는 의식이 없다는 한계점을 지적할 수도 있다. 이른바 '중국어 방의 역설'이라는 예가 있다. 방 안의 인공지능이 바깥의 중국어 물음에 아주 능숙하게 중국어로 답한다고 해도, 그 인공지능이 정말 중국어를 안다고 할 수 없고 의식이 있다고도 할 수 없다는 것이다. 하지만 의식이란 것도 인간 기준의 입장이며, 뇌의 구조와 달리 인간의 의식 구조 분석에 대해서는 크게 진전된 바가 없다. 인간의 개체성과 무의식이란 것도 환경적·심리적으로 타인에게 얽매여 있는 상황에서, 무수히 들어오는 정보와 나가야 할 정보가 원활히 되지 않은 상태에서 비롯된 것일 수도 있다. 인간의 의식을 폄하하는 것은 아니지만, 인공지능을 인간이 만들었다고 해서 인간의 전통적 기준으로 인공지능의 의식 유무를 따질 필요는 없다는 것이다.

SF소설의 거장 아이작 아시모프Isaac Asimov는 1950년대에 발표한 소설 『피할 수 있는 갈등』에서 전쟁을 막기 위해 지구상의 모든 국가의 정부를 인공지능에게 맡기는 것이 좋겠다고 결론을 내리는 인간의 모습을 그린다. 철학자 임마누엘 칸트나 경제학자 존 메이나드 케인스, 소설가 마크 트웨인이 꿈

꾸던 세계인 단일정부를 인간의 힘으로는 할 수 없다고 판단했을지도 모른다. 사실상 지금까지 전쟁은 쉼 없이 일어나고 있고, 지구 밖에서 지구를 바라봤을 때 가장 이상적으로 보일 세계 단일정부는 아직 꾸려진 적이 없으니 말이다. 아이작 아시모프는 그의 대표작 중 하나인 『파운데이션』에서 지구를 포함한 우주의 미래 역사를 인공지능이 설계하고 예정해놓았다는 논조를 담고 있다.

현재 우리의 불안은 단순하게는 가까운 미래에 다가올 우리의 가치에 대한 것이다. 애덤 스미스Adam Smith는 『국부론』에서 분업화로 발생하는 전체 업무 프로세스에서 개인의 탈숙련화를 얘기하며, 단순 반복되는 노동이 인간의 창의성을 앗아갈 것이라고 했다. 20세기 산업에서 전체 프로세스를 바라보는 것은 자본가와 경영자였으며 이들은 자본과 전략으로 고도화된 작업을 수행했다. 이제 21세기에는 인간 능력이 인공지능보다 못해질 것에 불안을 갖는다. 인간은 훈련이 필요한 존재지만, 인공지능이나 자동화 기술은 이미 훈련된 채로 탄생하며, 기술적 진보는 본질적으로 계속 일어날 수밖에 없기 때문이다. 그 사이의 인간 중에 기술 개발과 비즈니스의 성공으로 돈을 벌 뿐인 것이다. 1940년대에 GE에서 일하며 포드 자동차에서 일어나고 있던 자동화 공정을 보면서 커트

보니거트Kurt Vonnegut는『자동피아노』를 집필했다. 그 소설책에는 3개의 세계가 나온다. 한 곳에는 인공지능 시스템을 보유한 새로운 부르주아들이 살고, 다른 한 곳에는 일반 대중, 나머지 한 곳에는 기계들이 산다. 소설 속의 사람들은 전에 비해 편안한 삶을 꾸려가지만 스스로에 대한 가치는 느끼지 못한다. 기계만큼의 능력도 없고 기계를 지배할 소수자의 능력은 더욱 없기 때문이다. 이 불안이 구체적으로 구현된 모습이 일자리이지만 그 속에는 자신에 대한 가치와 능력에 대한 의구심이 숨어 있다.

인간이 기술의 발달로 인해 갖는 궁극적인 불안의 모습은 21세기형 좀비 영화라 할 수 있는『매트릭스』에 잘 표현돼 있다. 물리적 자동화의 상징인 로봇과 기계가 20세기까지의 좀비 영화를 이끌어왔다면, 이제는 인간의 이성과 판단력까지 자동화를 가능케 하는 인공지능이 21세기형 좀비 영화의 큰 소재가 될 수 있다. 1999년에 상영된『매트릭스』는 정확히 200년 뒤인 2199년의 현실을 다루고 있는데, 2199년의 인간은 인공지능 컴퓨터들이 사육하는 에너지 공급체일 뿐이다.

이때의 인공지능은 그야말로 인간과 경쟁하는 새로운 종족이다. 호모사피엔스와 네안데르탈인의 경쟁에서 호모사피엔스가 승리하면서 네안데르탈인이 멸종된 것처럼 말이다.

새로운 종족의 출현 조건, 출현 시 발생할 수 있는 일, 지속적인 생존 조건은 다음과 같다. 물론 이것은 인간의 기준이며 인간의 역사적 토대와 인간의 3차원적 사고의 한계를 벗어나면 감히 예측하기는 힘들다.

새로운 종족의 출현 조건

- 현재 인간 위주 생태계에서 적응할 수 있는 최소한의 우성이 있어야 한다.
- 생존과 발전이란 거시적인 합목적성 안에 지속 교정될 수 있는 무궁한 가능성이 있어야 한다. 인간에게는 이것이 DNA와 양성 구분으로 인한 조합으로 인해 가능하다.

새로운 종족 출현 시에 벌어질 수 있는 일

- 기존의 종족과 공존도 가능하나, 생존 공간과 생존 환경에서의 속성과 위치가 비슷하다면 서로 공격할 수도 있고 나아가 서로를 파괴, 멸종까지 할 가능성이 있다. 다만 동등한 층위에서 새로운 종족이 출현까지 했다는 것은 기존 유사한 위치의 종족보다 우위에 있을 가능성이 많다. 서로 공존이 필요한 기간이 끝났다면 전쟁이 벌어질 것이다.

새로운 종족의 지속 생존 요건

- 에너지원을 지속 공급받을 수 있어야 한다.
- 생존 본능, 이기심이 있어야 한다.
- 분산된 방식으로 전통에 대한 기억 보존이 가능해야 한다.
  즉 과거, 현재, 미래가 소통 가능해야 하고, 현재 시점에서
  도 개체 상호 간에 소통이 가능해야 한다.
- 변화에 대해 스스로 통제 불가능한 알고리즘이 있어야 한다.

하지만 이른바 4차 산업혁명을 일으키는 메가 기술이 새로운 종족의 출현을 발생시킬지는 알 수 없다. 또한 실제 업무 종사자들은 현재의 발전 속도로는 새로운 종족 같은 얘기는 공상에 불과하다고 한다. 다만 이것이 4차 산업혁명이란 단어가 자꾸 통용되는 근원적 이유 중 하나는 될 수 있을 것이다. 본디 개념이란 것은 이미 널리 퍼져 있는 실재들을 인간 소통의 목적으로 세부적인 것들은 버리고 단어로 추상화한 것이다. 하지만 인간은 미래에 대해서는 때로 개념을 먼저 던지고 그 실체를 찾으려고도 한다. 본 책의 내용도 인간의 불안이 투사된 개념에 대한 실체를 찾는 과정의 일환으로 보면 된다. '새로운 종족의 출현'이라는 상상력 기반의 전망까지 다루기는 어렵다. 그저 메가 기술이 현재의 우리를 어디로 끌

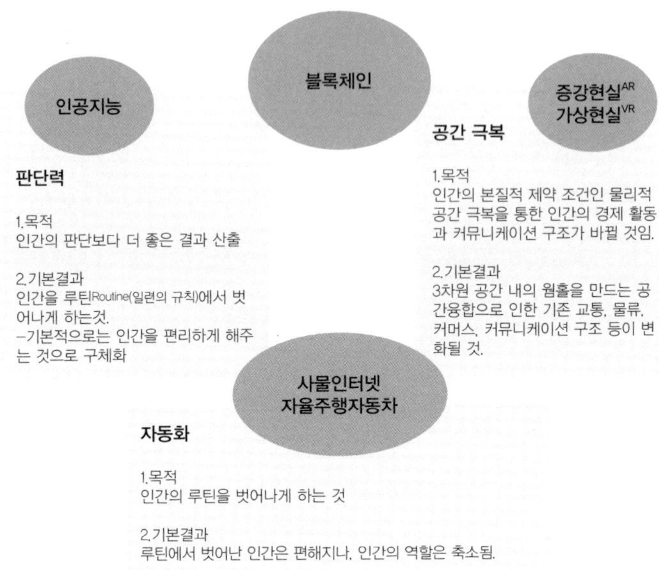

◆블록체인, 인공지능 도형이미지

고 나갈지에 대해 다루는 것으로도 충분하다. 이에 우리 인간이 생존 환경을 어떻게 변화시켜나가는지를 다루려고 한다.

인공지능은 인간의 판단력을 대체하는 기술이며, 이 기술은 자동화의 최첨단에 서 있는 사물인터넷과 자율주행자동차에 적극 개입한다. 이전에는 인간이 지속적으로 자동화에 개입했다면, 이제는 그 개입조차 인공지능으로 대체하는 것이다. 블록체인은 정부기관 등으로부터 보장받던 인증과 신뢰를 분산화 기술을 통해 채굴자(블록체인에 저장된 기록이 맞는 지 확인해 거래 승인 역할을 맡은 사람)들로부터 인증 의사를 받아내는 것이다. 증강현실과 가상현실은 시간과 함께 인간의 근원적 제약 사항인 공간 극복을 가능케 하는 기술이다. 인증도 역시 물리적 거리 극복을 위해 만들어진 것으로,(무엇인가를 확인해야 할 때마다 물리적으로 이동할 수는 없다) 블록체인은 공간 극복과 판단력 영역 양쪽에 걸친 기술이라 할 수 있다.

이 기술들은 각각 다른 영역의 기술이지만 커머스와 같은 구체화된 형태로 모두 융합돼 우리 눈앞에 나타날 것이다. 다음 장부터는 이 기술들의 현재 상황과 현재·미래 사례, 그리고 이 기술들이 변화시킬 제도, 문화, 일상을 살펴보려 한다.

2장

인공지능

트롤리 딜레마,
사람의 생명을 저울에 올려본다

사람의 생명에 대해서 값어치를 매길 수 있을까? 한 사람과 다른 사람의 생명을 비교하는 것이나 한 사람의 죽음과 열 사람의 부상에 대해서는 어떨까? 윤리학에서는 트롤리(전차의 일종)의 운행을 예시로 이러한 문제를 다뤄보고자 다양한 사고실험思考實驗을 진행했는데, 통상 1967년에 영국의 철학자 필리파 푸트Philippa Foot가 제기한 트롤리 딜레마Trolley Dilemma를 그 시초로 꼽는다. 이 유명한 딜레마는 영국에서 제시된 이후 미국으로 주 무대를 옮겨 주디스 자비스 톰슨Judith Jarvis Thomson, 피터 엉거Peter Unger 및 프랜시스 캠Francis Myrna Kamm 등에 의해 체계적인 분석을 거치며 논의가 발전했다. 최근에는 하버드 대학의 정치철학 교수인 마이클 샌델Michael J. Sandel이 그의 저서 『정의란 무엇인가Justice』에서 다시 거론하여 윤리적 딜레마에 따른 성찰적 물음을 던졌다. 딜레마의 내용은 다음과 같다.

트롤리가 운행 중 이상이 생겨 제어불능 상태가 됐다. 열차의 앞 선로에는 5명의 사람들이 서 있고, 피하거나 다른 수단을 찾기에는 시간이 부족하다. 그런데 다행히도 이반이 전철기의 옆에 있고, 그가 전철기를 돌리면 전차를 다른 선로로 보냄으로써 5명을 살릴 수 있다는 것을 발견했다. 그러나 문제는 다른 선로에도 사람이 1명 서 있어서 트롤리가 그쪽으로 운행하면 그 사람은 치여 죽고 말 것이다. 어느 쪽도 대피할 충분한 시간은 없다고 판단될 때, 도덕적 관점에서 이반이 전철기를 돌리는 것이 용납되는 것일까?

윤리적 판단의 기준을 어디에 놓을 것인가에 따라 결정은 달라진다. 각 개인의 행복의 합이 최대한 많아지게 하는 방향으로 선택해야 한다는 공리주의적 관점이라면, 5명을 살리기 위해서 1명을 희생시켜야 한다는 사실을 받아들일 것이다. 반면에 윤리 규범이나 도덕 법칙의 준수를 사회 구성원의 의무로 보는 관점에 기반을 둔다면, 5명을 살리기 위해 한 사람의 목숨을 희생시킬 수 없으므로 실행할 수 없을 것이다. 어쩔 수 없이 5명의 사람을 그대로 잃게 될 것이다. 여기에서 파생되는 윤리학적 딜레마는 계속 제기될 수 밖에 없다.

가령, 앞의 문제와 동일하게 폭주 중인 트롤리가 있고 어떤 사람 앞에는 위험에 처한 5명의 사람이 서 있으며 그들이 달아날 틈은 없다. 이번에는 다행히 그가 선로에 뭔가 무거운 물체를 떨어뜨려 광차를 탈선시키면 5명을 구할 수가 있다. 그러나 그의 근처에 있는 무거운 물체라고는 뚱뚱한 사람밖에 없다. 도덕적 관점에서 그가 그 뚱뚱한 사람을 밀어 떨어뜨리는 것이 용납될까? 이러한 질문을 받은 대부분의 사람들은 일관된 합리적 결정을 내리지 못한다. 제도라는 것은 개인들이 대체적으로 그렇다고 판단한 것이 사회규칙에 녹여지거나 유구한 전통의 기반하에 역사적으로 만들어진 것이다. 그렇지만 개인들은 위와 같은 윤리적 딜레마에 빠진 문제의 최종적 결정과 그 결정에 이르는 판단 과정을 거치지 못한다.

하버드 대학 교수인 마크 하우저는 위와 유사한 30가지의 상황을 제시하고 그에 대한 판단을 회수하는 온라인 조사를 시행했다. 500명을 대상으로 실시한 결과 질문의 상황들 간 차이점을 인식하고 본인의 판단 근거로 삼았음을 증명하지 못한 사람의 비율이 70퍼센트 수준에 달했다고 보고한 바 있다. 이렇듯 어느 누구도 이 사람과 저 사람 중 누구를 희생시켜야 할 것인지 또는 한 사람과 여러 사람 중에서 어떤 쪽을 희생시킬 것인지에 대해서는 논리적으로나 윤리적으로 결정지을 수 없다. 이런 가운데 자동차의 자율주행기술은 우리에게 이 문제에 대해 시급히 사회적 합의를 도출해야 할 필요성을 일깨웠다. 『MIT Technology Review』(미국 MIT에서 발행하는 기술분석 잡지)는 이에 대해 「왜 자율주행자동차는 누군가를 죽이도록 프로그램돼야 하는가」라는 기고문을 게재했다.

트롤리 딜레마에서 문제를 일으킨 것이 트롤리가 아닌 자

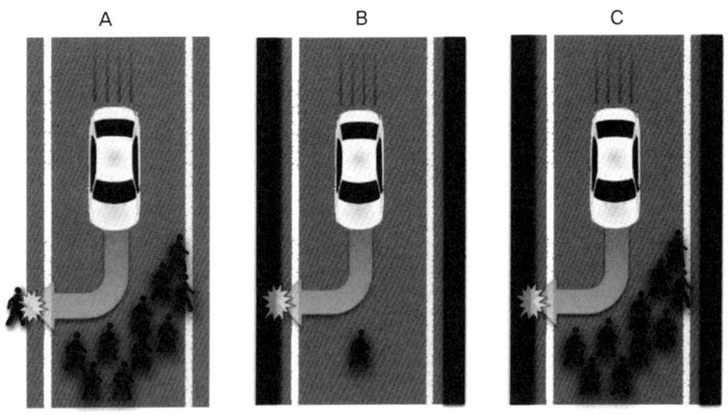

◆자율주행차의 윤리적 딜레마
출처: 「Why Self-Driving Cars Must Be Programmed to Kill」, 「MIT Technology Review」

동차라면 어떨까? 위 그림의 A 경우처럼 많은 수의 보행자를 구하기 위해 한 명의 보행자를 치는 것이 맞을까? 보행자를 구하기 위해서 운전자를 해치더라도 벽에 충돌하는 B, C는 어떤가? 만약 다른 사람을 구하기 위해 운전자를 희생하도록 설계된 인공지능이 탑재된 차라고 한다면, 당신은 그런 자율주행자동차를 구매하고 이용할 것인가? 이러한 '인공지능 판단력'에 대한 문제는 비단 자율주행자동차에만 국한되지 않는다. 산업현장에 있는 자동화 기계들도, 우리 실생활에 활용되고 있는 스마트 기기들도 모두 마찬가지 문제를 안고 있으며, 다만 트롤리 딜레마와 같은 도덕적 가치판단의 영역이 유보돼왔을 뿐이다.

예를 들어 어느 스마트 팩토리에서 자동화된 생산 공정으로 제조 라인이 작동되고 있는 와중에, 모종의 원인으로 인해 작업자가 위험에 처했다고 하자. 계속해서 기계가 작동하면 이 작업자는 생명을 잃을 수 있는 사고를 당한다. 반면에 긴급하게 제조 라인을 정지시키면 이 작업자를 구할 수 있으나, 급박한 정지로 인한 마찰과 불꽃의 발생으로 폭발 위험이 있다. 심지어 폭발이 발생하면 공장 내 모든 작업자의 생명이 위태로워질 수 있는 상황이 발생한다.

인공지능은 진화를 거듭해 자동화Automation를 지나 지능화Intelligence를 넘어서 인지認知 자동화Cognitive의 영역으로 나아가고 있다. 자동화란 정해진 프로세스를 수행하는 수준이며, 지능화는 데이터를 다루면서 수행하고 있는 프로세스의 모니터링 및 분석이 가능한 수준이다. 인지 자동화란 이에 더해 정해진 조건에서만 작업을 수행하는 것이 아니라, 변화하는 상황 속에서도 스스로 판단해 적합한 행동을 수행할 수 있는 수준에 이른 것을 말한다. 우리는 당장 자율주행자동차를 운행하는 인공지능이 이러한 상황에서 어떤 방식으로 판단하고 선택할지를 결정해야 한다. 지금까지의 인간은 윤리학을 기호논리학이나 알고리즘화하지 못했지만, 인공지능 시대에는 윤리학을 알고리즘화해야 한다. 인공지능의 '자동화'란 자가 판단을 요구하며 판단을 내리기 위해서는 그 준거가 있어야 하기 때문이다. 이제까지는 인공지능의 판단력을 필요로 할 만한 기술력의 부재로 그 준거에 대한 논의가 유보돼왔지만, 이제는 더 이상 미룰 수 없는 시점이 도래한 것이다.

머신러닝과 딥러닝

    2016년 3월에 인공지능 알파고는 그 동안 인간의 전유물로 알려져왔던 바둑에서 인간 챔피언 이세돌과 대결해 4:1로 승리하며 신선한 충격을 준 바 있다. 그 이후 구글 딥마인드 DeepMind의 알파고는 벌써 두 차례의 새로운 버전으로 진화했다. 2017년 5월 현 바둑 세계 챔피언인 중국의 커제 9단과 대국하여 완승을 거둔 '알파고 마스터'에 이어, '알파고 제로'까지 등장한 것이다. '알파고 제로'는 더 이상 대국해줄 인간이 없어 이세돌과 대국했던 버전의 '알파고 리'와 100회 대국해 100전 100승을 기록했다. 이어 커제와 대국했던 '알파고

마스터'와의 대국에서는 100전 89승 11패를 기록해 놀라운 학습능력을 과시했다. 물론, 인공지능이 바둑을 두는 인간을 이긴 것이 이세돌이 처음은 아니었다. 2007년에 소형 바둑판이긴 하지만 인공지능이 사람을 이겼고, 2013년에는 인공지능 크레이즈 스톤이 일본 바둑 기사 이시다 요시오를 이겼다. 일부 인공지능 전문가들의 의견과 달리 인공지능은 바둑에서도 인간을 이길 준비를 착실히 해오고 있었던 것이다.

인공지능이란 도대체 무엇인가? 단어 그대로만 본다면 인간에 의해 만들어진 지능이라는 해석이 가능하다. 그렇다면 여기서 말하는 지능이란 무엇일까? 여러 학자들은 이에 대해 각기 조금씩 다른 정의를 내놓고 있지만, 통상적으로 지능은 적응능력이며 학습능력과 연관성이 높고 감정과는 독립적으로 사고하는 기능이다. 또한 새로운 상황에서 효과적인 분석을 위해 선행지식을 활용하는 양상을 보이며, 다른 정신활동과 상호작용 및 조정을 포함하는 개념이라는 점에서는 이견이 거의 없다. 지능에 대한 이러한 개념을 수용한다면, 이제 우리는 '인공지능'이라는 말을 '적응능력과 학습능력이 있으며 감정과는 독립적이고 새로운 상황의 분석을 위해 선행지식을 활용할 수 있도록 만들어진 무언가'를 뜻한다는 것으로 정의 내릴 수 있다. 이 정의에서 최근 비약적으로 발전하고 회자되고 있는 부분이 '학습능력'이며 이를 향상시키는 인공지능 기술이 머신러닝이다.

이제는 많이 유명해진 인공신경망의 시초 격인 퍼셉트론 모델은 코넬항공연구소Cornell Aeronautical Lab의 프랑크 로젠블라트Frank Rosenblatt에 의해 1958년에 선보였다. 로젠블라트는 비슷한 사물들의 사진을 입력하고 공통점, 규칙성을 찾도록 했으나 고양이 같은 동물 사진을 판독할 수준은 아니었다. 하지만 네모, 세모 등의 도형 정도는 구분할 수 있었고, 아군과 적군 함대를 구분할 수 있을 거라고 생각한 미국 해군은 적극 지원하기도 했다. 머신러닝 연구는 이후 여러 번의 부침을 겪은 끝에 카네기멜론대학의 미첼Mitchell은 1998년 저서 『*Machine Learning*』에서 "실험Experiment: E을 통해서 어떤 과제Task: T의 수행 능력Performance: P을 향상시키는 시스템"으로 정의 내렸다. 다만 이러한 기술들이 다양한 형태로 연구만 이루어지고 산업화되지 못한 것은 시장성을 갖추지 못해서였다. 위의 세 가지 변수 중 성능P의 확보가 충분히 이루어지지 못했기 때문이다.

인간은 인공지능의 P, 즉 학습능력을 향상시키기 위해 자신의 뇌 신경망에서 아이디어를 얻었다. 뉴런의 구조는 크게 자극을 받아들이는 가지돌기, 받아들인 자극을 전달하는 축

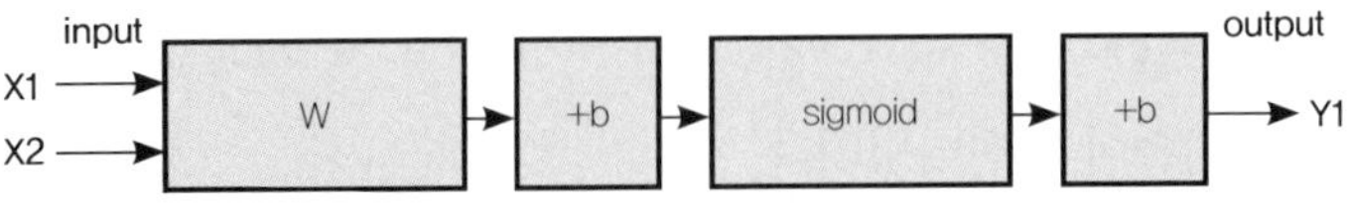

◆도식화한 퍼셉트론 모델

삭돌기(신경돌기), 뇌세포의 생명활동을 유지하는 신경세포체로 구성돼 있다. 이에 유사하게 인공신경망은 데이터Data를 받아들이는 인풋 레이어Input Layer, 결과를 출력하는 아웃풋 레이어Output Layer와 히든 레이어Hidden Layer로 구성되는데, 이러한 방법으로 인간의 신경계를 모방한 인공신경망의 가능성이 제시된 이후 수많은 연구자들이 관련 연구를 수행했지만 곧 그 한계점이 드러나고 말았다.

인공신경망의 초기 모델인 퍼셉트론은 인풋 레이어를 통해 들어온 정보를 히든 레이어에서 입력 정보 및 대안의 분석을 통해 아웃풋 레이어로 결과를 출력해주는 방식으로 작동하도록 설계됐다.

문제는 히든 레이어가 단층인 경우에는 매우 단순한 계산 수행만 가능하고 XOR 문제와 같이 약간이라도 복잡도가 증가하는 문제는 해결할 수 없다는 것이다. 또 히든 레이어가 복수층으로 구성돼 있는 경우에는 이론적으로 복잡한 문제 해결이 가능할 수는 있지만, 계산량이 기하급수적으로 증가

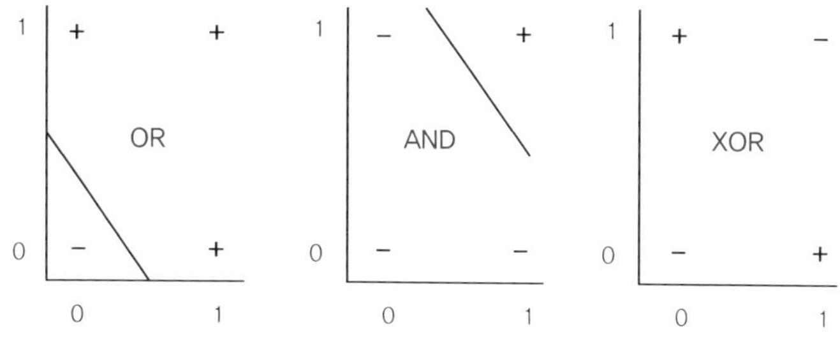

◆도식화한 OR, AND, XOR 논리회로

하면 당시의 컴퓨팅 능력으로는 연산 자체가 불가능하다는 것이었다.

퍼셉트론이 풀어낼 수 없었던 대표적인 예로 제시된 XOR 문제란, 기존의 퍼셉트론은 하나의 은닉층만을 가지고 있어 주어진 문제의 답이 참인지 거짓인지를 판별하기 위한 방정식이 직선 형태였다는 것이다. 그래서 OR, AND와 같은 단순 논리회로는 구성이 가능하지만 XOR같이 직선으로 표현할 수 없는 경우의 논리회로는 해결할 수 없었던 것이다. 이런 문제 때문에 인공지능의 개념을 만드는데 지대한 지분이 있는 민스키도 1969년에 『퍼셉트론』이란 책을 발표해 층위가 2개에 불과한 퍼셉트론을 비웃기도 했다.

그림에서 볼 수 있듯이, XOR 논리 문제 자체는 복잡도가 매우 높지 않음에도 불구하고 은닉층이 하나뿐인 퍼셉트론으로는 직선 하나로 영역을 구분할 수 없기 때문에 인공지능적 판단을 내릴 수 없었다. 이런 문제를 풀어내기 위해서는 직선이 아닌 곡선, 또는 자유형의 선을 그려내어 영역을 구분해야 하는데 이 작업을 위해서는 다중회귀분석이나 또 다른 방법론을 활용해야 했다. 그래서 다수의 은닉층을 활용하는 방법을 생각해내어 충분한 복잡도를 가진 문제를 해결할 수 있도록 한 것이다.

다행히 최근 기술 발달로 인한 컴퓨팅 능력 향상과 네트워크 속도 증가로 그 문제가 해결되기 시작하면서 다시 인공신경망이 주목받기 시작했다. 히든 레이러의 계층 수를 늘려가면서 성능을 향상시켜 문제를 해결하는 방식의 인공신경망을 심층신경망이라고 부르며, 이러한 인공신경망 학습 방법의 대표주자가 바로 딥러닝이다.

히든 레이어의 계층 수를 늘리기 위해 컴퓨터 연산에 GPU(Graphics Processing Unit)를 도입해 활용했고, 이러한 시도는 특히 최근 활용 분야가 폭증하고 있는 컴퓨터 비전과 음성 인식 등에 특화된 적응력을 보여주면서 성과를 나타내고 있다. 심층신경망의 연산에 일반적으로 활용되는 CPU보다 GPU가 좋은 성능을 보이는 이유는 연산 처리 방식의 차이 때문이다. CPU의 처리 방식은 복잡하고 다양한 연산 수행이 가능하지만 순차적으로 연산을 수행한다. 그런데 양이 아주 많은 심층신경망의 연산에는 단순한 연산을 병렬 처리해 속도를 극대화할 수 있는 GPU 방식이 적합하다. 인공지능이란 것도 결국은 컴퓨팅 능력이 중요한 요소다. 0과 1을 처리 기준으로 모든 자료를 찾아낼 수 있는 하드웨어적 능력만 보장된다면, 인간의 의식 또는 무의식에 대적하고 넘어설 수 있는 것이다. 인간의 기억이란 것도 기본적으로 컴퓨터 폴더처럼 구성돼 있으나 저장용량과 현실 즉각 대응 문제 때문에(걷는 것, 밥 먹는 것 등의 기계적 기억) 기억을 등급화해 전면-후면-소멸-편집을 했을 뿐일 수도 있다.

이러한 방법을 동원한 딥러닝을 통해 머신러닝은 날개를 달았다고 할 만큼 비약적인 성능의 개선을 이루었지만, 그럼에도 불구하고 그것은 여전히 확률에 근거한 예측에 불과하다. 그러므로 오류 또는 오판이 발생할 가능성은 절대 0이 될 수 없는 것 역시 사실이다. 즉 이세돌 9단과 바둑 대결을 펼치던 알파고도 어떤 점에 착수하면 이길 확률이 높은지를 계산해 해당 점에 착수했을 뿐이지 대국의 결과를 예측하고 의도적으로 그렇게 사고한 결과물이었다고 보기는 어렵다. 이러한 과정에서 학습한 것과 다른 상황이 벌어지면 오판이 생길 수 있고, 결과 역시 달라질 수 있는 여지가 생긴다.

이렇듯 딥러닝은 기본적으로 심층신경망 사용을 전제로 한다. 이는 기존의 학습 모델과는 다른 비지도학습Unsupervised Learning, 즉 입력된 데이터로부터 스스로 특징을 찾아내고 분류해 예측 모델을 만들어내는 학습 기법으로써 은닉층에서 어떤 기준과 연산을 거쳐 결과가 도출되는지 전혀 알 수 없다. 결국 아무리 정확도가 높다고 하더라도 과정을 알 수 없는 블랙박스로서의 예측 모델이기 때문에 인간이 인공지능을 통제할 수 없는 일이 벌어질 수도 있다.

신경망이 적용된
번역 엔진의 신기원

    2016년 11월, 연구실에서 강의에 필요한 자료를 찾아 정리하던 도쿄대학의 레키모토 준 교수는 소셜미디어상에서 화제가 되고 있는 이야기를 발견했다. 그것은 바로 구글 번역기의 성능이 하루아침에 몰라보게 향상됐다는 것이다, 이 주제는 인간과 컴퓨터의 상호작용에 대한 연구의 권위자이기도 한 레키모토 교수의 관심을 끌기에 아주 충분했다. 얼마나 대단한 발명품이 나왔는지에 대한 호기심으로 구글 번역기를 시험해본 레키모토 교수는 그 결과물을 보면서 정말로 입을 다물지 못했다. 잠자리에 들면서도 여태 봐온 것들과는 차원이 다른 번역문들이 머릿속을 떠나지 않았다고 한다.

그는 블로그를 통해 구글의 새로운 번역기를 사용한 소회를 공개하고 방문자들로 하여금 같이 체험해볼 수 있도록 했다. F. 스콧 피츠제럴드^{Francis Scott Key Fitzgerald}의 소설 『위대한 개츠비』의 한 구절을 비교한 것인데, 기존의 번역본은 일본의 유명 소설가 무라카미 하루키가 번역한 것이고, 또 하나는 구글 번역기가 번역한 것이었다. 그는 하루키의 번역에 대해 "무척 세련된 일본어지만, 다분히 하루키다운 문장이 군데군데 눈에 띈다"라는 평을 붙였다. 구글 번역기의 경우에는 "일부 부자연스러운 부분이 없지 않지만, 훨씬 의미가 명확하게 다가왔다"라고 평했다. 아울러 레키모토 교수는 일본어를 영어로 옮기는 작업에 대해서도 비교해봤다. 헤밍웨이^{Ernest Miller Hemingway}의 『킬리만자로의 눈』 영문본을 직접 일본어로 옮긴 뒤 다시 구글 번역기를 통해 영어로 번역했다. 그다음 원문과 번역문을 함께 기재해 독자들로 하여금 어떤 쪽이 원문이고 번역문인지 맞춰보라고 했다.

당연히 헤밍웨이의 원문이 더 좋은 문장이지만, 구글 번역기의 문장 역시 명백히 오류로 보이는 부분이 딱히 없는 상당한 수준의 문장으로 보인다고 했다. 그로부터 나흘 뒤 기자, 광고업계 종사자, IT 업계 종사자 등 각계 수백 명이 모인

구글 런던 오피스에서 최고경영자인 순다 피차이Sundar Pichai
는 번역기에 탑재한 새로운 엔진의 실체를 공개했다. 그는 이
전부터 구글이 "인공지능을 선도하는, 인공지능 중심의 기
업"이 될 것이라고 여러 차례 말한 바 있다. 그런데 바로 이
새로운 번역기라는 성과물이 그러한 전략의 첫 단추를 끼운
사건으로 평가 받고 있다.

많은 사람들은 새로운 구글 번역기의 뛰어난 성능이 인공
지능 기법에 의한 것이라는 사실을 알게 되자 알파고로 유명
해진 구글 딥마인드를 떠올린다. 하지만 실제로 이를 만들어
낸 주역은 구글 브레인 팀이다. 그 중심에는 구글의 핵심 소
프트웨어 대부분에 지대한 영향력을 미친 것으로 알려진 제
프 딘Jeff Dean과 전 세계 인공지능 학계를 이끌어가고 있던
스탠포드의 신성 앤드류 응Andrew Ng, 그리고 그의 수재 학
생 퀵레QuocLe가 있었다. 구글에서 앤드류 응 교수와 함께 초
기의 인공지능학자 마빈 민스키Marvin Minsky의 이름을 따 진
행하던 마빈 프로젝트는 2011년 구글 브레인으로 독립된 팀
이 됐고, 그간 연구의 결과를 「대규모 자율학습을 사용한 고
급 기능 작성Building High-level Features Using Large Scale Unsupervised
Learning」이라는 제목의 논문으로 발표했다. 세간에는 캣 페
이퍼로 알려지며 구글 브레인의 인지도 상승에 큰 몫을 차지

했다. 캣 페이퍼는 제목에서 알 수 있듯이 전통적인 인공지능 이미지 분류 성능, 즉 고양이 얼굴 인식에 관한 방법론인데 이 논문에서 보고한 학습 방법은 사실 고양이 얼굴 인식을 위한 것이 아니라 언어 분석을 위한 것이었다.

캣 페이퍼가 보여준 것을 간단히 요약하면, 약 10억 개의 연결고리를 가진 인공신경망이 미가공 데이터, 즉 사전에 분류되지 않은 데이터들을 관찰을 통해 스스로 분석해 인간이 구사하는 고차원적인 분류체계처럼 정리하는 것이다. 연구팀은 유튜브 동영상을 활용해 정지 사진 수백만 장을 신경망에 학습시켰고, 그 후 신경망은 오류가 제법 작은 이미지 패턴을 찾아낼 수 있었다. 기존의 머신러닝이 가진 분명한 한계는 역설적으로 사전에 받아들인 데이터다. 컴퓨터의 연산 능력이 아무리 뛰어나더라도 이전 데이터를 바탕으로 한 통계적 결과 이상의 것은 얻어낼 수 없다는 것이다. 그런데 캣 페이퍼는 이러한 한계를 뛰어넘을 수 있는 가능성을 보여줬다는 점에서 그 의미를 찾을 수 있다. 즉 기계가 전혀 분류되지 않은 미가공 데이터를 알아서 인식하고 분류, 처리해 학습에 활용할 수 있다는 사실을 보여준 것이다.

인공지능의 유망분야, 헬스케어

인공지능의 적용 가능성으로 가장 사람들이 기대하고 있는 분야는 바로 헬스케어다. 헬스케어 분야에서 가장 각광을 받고 있는 것은 (이미 많이 알려진) 이미지 및 영상 진단이다. 의료 이미지 및 영상에 해당하는 X-ray, CT, MRI 등은 오랫동안 이미지 처리 분야, 패턴 인식 등에서 오랫동안 연구해온 소재다. 최근 딥러닝, 정확하게는 이미지 데이터에 높은 인식률을 보인 컨볼루션 신경망Convolutional Neural Network: CNN이 대두되면서 이쪽 분야에서도 큰 변혁이 일어났다. 학술적으로 가장 널리 알려진 것은 알파고로도 유명한 구글 딥마인드의 안저 검사 영상Retinal Fundus Photographs 판독 연구다. 해당 연구는 매우 저명한 의학저널인 『JAMA』에 논문으로 게재됐다. 해당 논문에 따르면, 딥마인드는 12만 장의 안저 검사 이미지를 바탕으로 당뇨병성 망막증Diabetic retinopathy을 진단하는 딥러닝 모델을 생성한 후 이를 2개의 데이터세트dataset에 검증했다. 그 결과 미국 공인 안과 전문의들의 판독 정확도와 딥러닝 모델의 판독 정확도가 거의 차이가 나지 않았으며, 8명의 전문가 판독 결과 점수들의 중앙값보다 더 높은 성능을 보였다.

해당 논문에서 사용한 딥러닝 구조는 이미지넷 챌린지 ImageNet Challenge에서 우승했던 인셉션 구조를 좀 더 발전시킨 인셉션-v3Inception-v3의 구조를 사용했다. 이외에도 다양한 질환의 의료 영상 및 이미지 분석을 통해 진단 정확도가 높은 딥러닝 모델을 생성할 수 있다는 연구가 여러 학술저널에 게재되었다. 그리고 국내외 여러 기업들이 의료진과 협업해 의료 영상으로부터 질환이 발견된 위치와 해당 질환 유무를 진단하는 설루션solution 개발에도 많은 노력을 기울이고 있다.

영상 및 이미지 분석 외에 헬스케어 영역에서 활발히 연구 중인 분야는 생체신호 데이터에 기반을 둔 환자 상태 모니터링

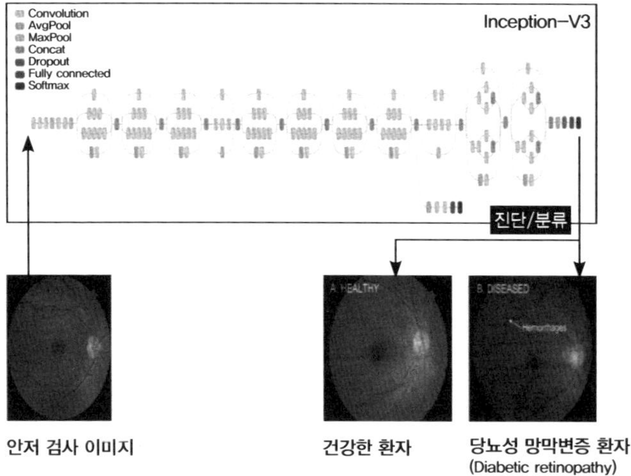

안저 검사 이미지　　　　　　건강한 환자　　　당뇨성 망막변증 환자
(Diabetic retinopathy)

◆ 인셉션-v3 네트워크를 이용한 안저 검사 이미지 판독
A는 건강한 경우, B는 당뇨병성 망막증(중간에 출혈이 있음)

및 징후 예측이다. 여기에서 말하는 생체신호 데이터란 맥박, 호흡 수, 심전도 및 뇌전도, 체온 등 사람의 상태를 실시간으로 모니터링한 수치들을 의미한다. 최근 이슈가 되고 있는 전자적 중환자실electronic Intensive Care Unit: eICU이 이러한 영역에 해당된다. 전자적 중환자실 도입 동기는 의료진이 집중적으로 중환자를 관리하기 어려운 경우에도 환자 생체신호 패턴으로부터 이상이 있는 환자를 빠르게 탐지해 의료진에 알리자는 것이다. 전자적 중환자실이 효과를 볼 경우는 여러 가지가 있다. 가령, 물리적 시간인 밤과 새벽 시간이 이에 해당한다. 또한 호스

피스 병원 등 요양기관처럼 응급의료진, 특정 분야의 전문의가 항상 상주하기 어려운 경우도 이에 해당한다.

현재 이 분야는 필립스가 주도하고 있다. 2016년 한국에서 진행된 미국 필립스 의료 사업부 브라이언 로젠펠드 부사장의 발표 내용을 보면 다음과 같다. 미국에서 지역적으로 멀리 떨어진 의사가 전자적 중환자실에서 발생하는 생체신호를 기반으로 환자를 치료한 결과, 15개월 만에 사망률이 30퍼센트 가량 줄어들고 중환자들이 병원에 머무르는 시간이 줄어들었다고 한다. 이는 인공지능 알고리즘과 신호 데이터 인식 및 처리를 위한 인프라가 동시에 발전했기 때문에 가능한 것이다. 이미 예전부터 생체신호 데이터 기반의 수리적 모델링을 통해 환자 상태를 조기에 탐지하려는 연구(가령, 심전도 데이터를 기반으로 심부전을 조기에 예측)는 지속적으로 이루어지고 있다.

이러한 연구가 실제 임상에 적용되지 못한 것은 여러 이유가 있다. 먼저 많은 케이스(대용량 데이터)에 대해서도 환자의 이상 상태 탐지 정확도에 대해 눈에 띄는 연구가 많지 않다. 그리고 다채널의 신호 데이터를 살펴보는 경우보다 하나의 항목에 대한 신호 데이터에 대해서만 연구가 이루어진 경우가 많았기 때문이다. 그러나 신호 데이터를 더 짧은 시간 간

격으로 수집하고 대용량 데이터를 저장 및 처리하는 인프라가 갖춰지면서 더 양질의 데이터를 확보할 수 있게 됐다. 양질의 대용량 데이터는 인공지능 모델의 좋은 학습 재료가 된다. 이에 기존 다채널의 시계열 데이터 분석 방법, 딥러닝 중 순환 신경망Recurrent Neural Network: RNN 등의 모델을 이용해 환자 상태를 조기에 예측하는 인공지능 모델을 만드는 연구가 활발히 진행되고 있다.

생체신호 데이터에 기반을 두는 인공지능 모델은 결국 웨어러블 디바이스와 연동해 더욱 발전할 것이다. 웨어러블 디바이스가 우리 몸 상태를 충분히 표현할 수 있을 만큼의 항목들을 센서로 측정이 가능하다면, 신체 이상 상태를 빠르게 파악할 수 있을 것이며 의사들에게도 환자 상태를 파악하기 위해 매우 유용한 근거를 얻게 될 것이다. 다만 현재의 웨어러블 디바이스에서는 맥박수 정도로 간단한 지표들만 측정 가능한 상태다. 애플은 애플워치를 통해 착용자의 생체신호를 수집하는 방안을 꾸준히 모색해왔는데, 드디어 2017년 12월에 애플워치 전용 카디아밴드KardiaBand가 미국 FDA 승인을 취득했다.

카디아밴드는 이름에도 나와 있듯이 심전도를 측정하는 애플워치 전용 밴드다. 심전도는 4대 중증질환에 해당하는 심뇌혈관질환과 큰 관련이 있으며, 심전도 패턴의 급격한 변화는 환자의 상태 변화를 나타내므로 매우 큰 의미가 있다. 국내 체성분 분석기 제조회사로 유명한 인바디의 경우도 체성분을 실시간으로 측정할 수 있는 스마트밴드를 출시해 판매 중이다. 체성분 분석 결과 역시 환자 건강 상태와 밀접한 관련이 있으므로 환자 상태 체크에 매우 유용한 데이터를 생성해준다. 현재 애플은 혈액을 추출하지 않고 혈당을 측정하는 기술을 수년째 연구하고 있는 것으로 알려져 있으며, 이런 부분까지 극복이 된다면 만성질환자 상태에 대한 모니터링이 더욱 강화될 것이라 기대된다.

테러와 인공지능

인공지능은 테러 예방에도 이용이 될 수 있을까? 최근 유행처럼 인공지능이라는 단어가 대두되기 이전부터 기존 데이터 분석 방법, 통계 및 기계학습 방법으로 테러 예방 시스템을 만들고자 하는 시도는 지속적으로 있었다. 이에 대한 관심이 늘어난 계기는 미국에서 있었던 9.11 테러가 결정적이었다. 그 이후 연구자들이 테러가 일어난 정황 정보, 테러 범죄자 집단과 주변 네트워크 연결 및 그들의 이메일 내용 등으로 테러 발생을 미리 예측하려는 연구들이 생각보다 많이 도출됐다. 그런데 이러한 연구들이 실제 테러 방지 시스템에 적용되기에는 미래 예측 검증이 상당히 어려움이 있었다는 것이다. 연구자들이 자신의 입맛에 맞추어 수집 및 가공된 데이터를 분할해 학습 및 테스트를 시행했을 때에는 그럭저럭 성능이 나왔을 수 있다.

그러나 앞으로 발생할 위험을 실시간으로 빠르게 탐지해 대처하기에는 불가능한 데이터들이 많았다. 예를 들어 테러 사건의 배경인 국가, 날씨, 날짜, 테러 시 사용한 화학류, 무기 등의 정보를 수집해 테러 발생을 분류하는 모델을 만들었다고 가정해보자. 이러한 정보를 테러 예측에 사용하는 것은 사실상 불가능하다. 왜냐하면 해당 데이터들은 테러가 이미 발생한 이후, 조사를 통해 찾아낸 정보들이기 때문이다. 이러한 데이터로 만들어진 모델은 테러의 원인을 찾아 기존 사건들을 분류하는 데에는 좋은 성과가 나올 수 있을지 몰라도, 이는 테러를 사전에 탐지해 예방하겠다는 것과는 차원이 다른 것이다. 진정한 테러 예방이 가능하기 위해서는 테러가 일어나기 전에 관련 데이터 관측, 수집, 저장이 필수적이다.

이런 까닭에 그동안 데이터 기반의 테러 예방 시스템은 수면 아래에 있었다. 이후 이미지나 영상 데이터 분석이 딥러닝을 기점으로 큰 변혁이 일어나면서 최근 다시 수면 위로 올라왔다. 이와 더불어 CCTV 등이 상당히 많이 보급되면서 다시 한 번 테러 예방 시스템이 주목을 받고 있다. 현재 기술로는 CCTV에서 발생하는 영상에서부터 각 객체(사람, 승용차, 버스, 택시, 건물, 나무 등)가 어떤 것인지 실시간으로 식별하는 것이 어느 정도 가능하다. 이제 소위 말하는 '수상한 행동'을 보이는 사람이나 차량을 어떻게 인식할 것인가가 관건일 것이다. 얼굴 인식 영역도 활용이 될 수 있다. 이는 과거의 테러 등 범죄자의 얼굴과 일반인의 얼굴 데이터를 혼합해 범죄 가능성이 높은 사람을 얼굴로 인지하겠다는 것이다. 이외에도 인공위성을 이용해 특정 사람 혹은 차량의 동선을 미리 예측하려는 연구가 지속적으로 진행되고 있다. 이미지와 영상 데이터뿐만 아니라 사람들이 전자적으로 의사소통을 하는 이메일, SMS, 소셜네트워킹 행동들도 이용이 가능한 데이터들이다. 아직은 미국, 중국, 러시아 등 정부에서 해당 연구를 진행 중인 것으로 발표했고, 아직 이에 대한 구체적인 내용과 성과가 공개되지는 않았다. 다양하고 이질적인 데이터를 통합하고 이들로부터 이상 패턴을 찾는 데에는 많은 R&D가 필요할 것이며, 사람들의 행동을 수집하고자 하는 영역이 확대됨에 따라 인프라 구축에도 많은 시간과 비용이 투자될 것이다.

변호사를 대체하는 인공지능

각종 언론에서 인공지능이 기존 변호사를 대체하게 될지도 모른다며 요란하게 떠들어대지만, 아직까지는 법무 분야에서 인공지능이 접근하고 있는 분야는 유사 판례 탐색 및 법적 상황에 대한 간단한 판결이다.

유사 판례를 탐색하는 것은 기술적으로는 정보 검색Information retrieval이며, 구글이나 네이버와 같은 검색 엔진의 핵심 내용이다. 우리가 구글에서 '인공지능'이라는 검색어query를 입력하면, 이와 가장 유사한 웹페이지부터 순서대로 나열하는 것이 바로 정보 검색이다. 유사 판례 탐색 과정도 근본적으로 다르지 않다. 현재 법적 근거가 필요한 사건의 내용을 기술한 문서를 검색어로 넣으면, 과거 이와 유사한 성격의 사건들을 찾고 해당 사건의 판례를 도출해주면 되는 것이다. 이러한 시스템이 높은 성능을 보인다면 법률가의 입장으로서는 굉장히 편리한 도구가 될 것이다. 과거 판례를 모두 일일이 찾는 수고를 덜 수 있기 때문이다.

법무 분야에서 인공지능이 시도하고 있는 분야는 법적 상황에 대해 간단한 판단을 하는 것이다. 즉, 사건에 대한 설명과 함께 관련 질문을 던졌을 때 이에 대한 해답을 찾아준다. 최근 국내 AI 법률 서비스를 개발 중인 인텔리콘이라는 회사가 2년 연속 법률 인공지능 경진대회에서 우승을 차지했다고 한다(「'AI 변호사' 대회 2연패한 한국 팀 알고리즘의 비밀」『중앙일보』, 2017. 06. 26). 해당 경진대회의 공식 명칭은 '법률 정보 추출 및 심판에 대한 경진대회Competition on Legal Information Extraction/Entailment: COLIEE'이며 '국제 인공지능과 법률 학술대회International Conference on Artificial Intelligence and Law: ICAIL'에서 진행한다. COLIEE에서는 법무 인공지능 모델 학습을 위한 말뭉치 데이터를 제공하고 있다. 해당 데이터는 일본 변호사 자격시험 문제 및 일본 민법 조항들 전체다. 데이터는 총 3가지로 구성돼 있는데, 첫 번째는 지문, 두 번째는 지문과 관련된 명제, 세 번째는 해당 명제가 참인지 거짓인지의 여부다. 지문에는 관련된 일본 민법 조항 번호가 함께 포함돼 있다. 따라서 지문에 연결된 민법 조항 번호가 적절한지는 위에서 언급한 유사 조항을 정보 검색으로 찾는 문제의 정답 데이터이고, 지문과 관련된 명제와 이에 대한 참/거짓 여부는 법적 상황에 대한 판단이다. COLIEE 2017 홈페이지 (http://webdocs.cs.ualberta.ca/~miyoung2/COLIEE2017/) 에 공개된 말뭉치 예시를 보면 이를 쉽게 이해할 수 있다.

[지문] (Seller's Warranty in cases of Superficies or Other Rights)
Article566(1)Incaseswherethesubjectmatterofthesaleisenc
umberedwithforthepurposeofasuperficies,anemphyteusis,a
neasement,arightofretentionorapledge,ifthebuyerdoesnotk
nowthesameandcannotachievethepurposeofthecontracton
accountthereof,thebuyermaycancelthecontract.Insuchcases
,ifthecontractcannotbecancelled,thebuyermayonlydemand
compensationfordamages.(2)Theprovisionsofthepreceding
paragraphshallapplymutatismutandisincaseswhereaneasem
entthatwasreferredtoasbeinginexistenceforthebenefitofim
movablepropertythatisthesubjectmatterofasale,doesnotexi
st,andincaseswherealeaseholdisregisteredwithrespecttothei
mmovableproperty.(3)Inthecasessetforthintheprecedingtw
oparagraphs,thecancellationofthecontractorclaimfordama

gesmustbemadewithinoneyearfromthetimewhenthebuyerc
omestoknowthefacts.

(Seller's Warranty in cases of Mortgage or Other Rights)
Article567(1)Ifthebuyerloseshis/herownershipofimmova
blepropertythatistheobjectofasalebecauseoftheexerciseofa
nexistingstatutorylienormortgage,thebuyermaycancelthe
contract.(2)Ifthebuyerpreserveshis/herownershipbyincur
ringexpenditureforcosts,he/shemayclaimreimbursemento
fthosecostsfromtheseller.(3)Inthecasessetforthintheprece
dingtwoparagraphs,thebuyermayclaimcompensationifhe/
shesufferedloss.

[명제] There is a limitation period on pursuance of
warranty if there is restriction due to superficies on the
subject matter, but there is no restriction on pursuance of
warranty if the seller's rights were revoked due to execution
of the mortgage.

[명제의 참/거짓 여부] 참(True)

이러한 데이터를 분석하기 위해서는 법률적 지식에 근거
한 지식 데이터베이스(가령, 법률에서 사용되는 단어들 간의 의미
구조)뿐만 아니라 자연어처리Natural Language Processing: NLP 기
술이 필요하다. 자연어처리 기술을 기반으로 한 인공지능 모
델은 대표적으로 'IBM 왓슨Watson'이 있다. 'IBM 왓슨'을 쉽

게 한 문장으로 정의하자면 '수많은 문서들로부터 지식 구조를 창출하고 특정 검색어가 등장했을 때, 이에 대한 정답 혹은 정답 후보를 도출하는 시스템'이라고 칭할 수 있다. 'IBM 왓슨' 안에 들어간 기술과 법무 AI 시스템의 기술적 차이는 있을 수 있으나, 정보 검색을 목표로 한다는 점은 일치한다.

또한 위에서 예시로 든 지문과 질문, 그리고 이에 대한 대답이 등장하는 데이터세트는 최근 활발히 연구되고 있는 'Question & Answer(Q&A)' 시스템 영역에서 활용하고 있는 데이터세트와 동일하다. 현재 텍스트 데이터에 대한 딥러닝 연구 중 번역을 제외하고 가장 많은 진전을 이루는 영역 중 하나가 바로 'Q&A' 모델이다. 페이스북의 bAbI 데이터세트, 스탠포드 대학교 NLP그룹에서 공개한 SQuAD Stanford Question Answering Dataset는 현재 딥러닝을 이용한 Q&A 모델 연구를 가속화하고 있다. 두 데이터세트에 대해서 많은 연구진들이 경쟁적으로 연구를 쏟아내고 있으며 정확도가 점점 높아지고 있다. 이처럼 한정된 데이터세트 내에서 Q&A 모델이 잘 학습되고 법률적인 판단에 의한 유사 데이터세트가 잘 마련된다면, 사건에 대한 간단한 판단을 내리는 법무 AI가 허황된 것은 아닐 것이다. 다만, COLIEE에 참가한 연구진들의 공개된 논문을 살펴보면 아직 실제 상황에서 인력을 대체할 만한 성능으로서 올바른 판단을 도출한다고 보기 어렵다.
좀 더 적용 기술이 발전하고 풍부한 데이터세트가 만들어진
다면 분명 법무 AI의 성능은 좋아질 것으로 기대된다.

현재 인공지능의 한계?

　지금까지 논의한 예제들을 보면 여러 반응이 나올 수 있겠지만 과연 이러한 인공지능 모델들이 인간 전문가를 대체할 수 있을 것이냐는 질문이 공통적으로 떠오를 것이다. 2가지 근거를 기반으로 인공지능 모델이 인간 전문가와 기존의 행위를 대체하는 것은 현재까지는 매우 어렵다고 생각한다.

　첫째, 인공지능은 결국 현재까지 관측된 정보 이외에 새로운 정보를 발견하는 것을 할 수 없다는 것이다. 인공지능은 현재까지 수집된 데이터로부터 패턴을 추출하거나 학습 모델을 만드는 과정이 필수적인데, 이 부분이 결코 유연하지 못하다. 예를 들어, 의료 영상을 바탕으로 A라는 질환에 해당하는 케이스와 A가 아닌 케이스를 분류하는 모델을 생성한다고 가정해보자. 이를 수행하려면 많은 전문가들의 지식을 바탕으로 기존에 측정된 의료 영상에 A인지 아닌지 라벨을 일일이 달아줘야 한다. 실제로 앞서 예를 들었던 구글 딥마인드의 연구에 따르면 12만 개의 안저 영상을 수십 명의 의사들이 일일이 확인해 분류하고 라벨을 달았다. 심지어 하나의 영상에 대해 한 명의 의견을 듣는 것이 아니라, 여러 명의 라벨을 보고 다수결을 통해 최종 라벨을 확정했다. 분명 이러한 데이터를 생성하는 데에 꽤 많은 시간이 소요됐을 것이다.

그런데 A라는 질환 중에 하부 개념으로 A-1이라는 질환이 주목을 받게 되고, 이에 대한 대처 방법이 의학적으로 발견될 수 있다. 또한 A와 A가 아닌 경계에서 새롭게 B라는 질환이 주목을 받게 될 수도 있다. 그럼 A와 A가 아닌 케이스를 기가 막히게 분류했던 인공지능 모델은 바로 한계에 봉착하게 된다. 이 모델이 A-1과 B라는 새로운 질환을 진단하게 만들려면, 모델이 학습할 수 있도록 누군가 데이터와 이에 맞는 라벨링 작업을 다시 해줘야 한다. 아마도 굉장한 시간이 또 다시 소요될 것이다. 이는 헬스케어에만 국한된 이야기는 아니다. 테러 예방 시스템에서도 결국 어떤 패턴이 테러 범죄로 이어졌다는 사실을 찾고 라벨을 만들어야 한다. 그러나 그 동안 관측되지 않은 새로운 패턴이 등장하면 인공지능 모델은 결국 이를 탐지하기 어렵다. 결국 이 모델을 지속적으로 보완하고 업데이트하는 과정은 필수적이며, 이때 다시 인간 전문가의 도움이 필요하다는 사실을 알 수 있다.

법무 AI의 경우도 유사하다. 법은 항상 고정돼 있는 것이 아니라, 사회 흐름과 대다수의 이익을 추구함에 따라 지속적으로 변하는 것이다. 앞서 기존 판례 등을 바탕으로 만든 인공지능 시스템이 법이 변화한 이후에도 잘 적용될 것인가? 범죄에 대한 형량, 법적 판단을 위한 기준 변동 등 다양한 변동성이 존재하기 때문에, 법무 AI 시스템은 변동된 법에 지속적으로 적응해나가야 살아남을 수 있다. 그리고 업그레이드함으로써 적응력을 키우기 위한 재료인 데이터는 결국 누군가가 수집·정리해야만 한다. 인간 전문가의 장점은 변화한 상황에 빠르게 대처할 수 있다는 것이다. 법 분야 전문가는 그 누구보다도 법 조항의 변화를 잘 알 것이며, 과거의 판례와 변화된 조항을 동시에 고려하는 측면이 굉장히 유연할 것이다. 인공지능 시스템이 이 부분을 극복할 수 있느냐 없느냐에 따라, 정말 인간 전문가를 대체할 수 있는지의 여부가 판가름 날 것이다.

라벨링 과정에서 인간의 편견이 인공지능의 판단 시스템에 그대로 전이될 수도 있다. 인공지능 '뷰티 닷 에이아이Beauty.AI'는 2016년에 미인대회의 심사관으로 참여했다. 100개가 넘는 국가에서 6,000명의 인물사진을 분석한 인공지능은 얼굴의 균형, 피부 상태 등을 심사 기준으로 삼아 수상자를 발표했는데, 수상자 44명 중 43명이 백인이었다. 또 미국 교육 회사인 '프린스턴 리뷰'는 합리적 가격정책을 시행하기 위해 인공지능 알고리즘을 통해 지역별 수강료를 책정해봤는데, 저소득층 아시아인에게 가장 높은 가격이 책정됐다. 인종과 가난에 대한 편견이 인공지능에 그대로 전이된 것이다. 또 '워드 임베딩Word Embedding'이란 인공지능은 온라인에서 850만 개의 단어를 분석했는데 아프리카계 미국인은 부정적이고 불행한 단어와 연결된 빈도가 높았고, 유럽계 미국인에게는 유쾌하고 긍정적인 단어와 밀접한 관련이 있다고 분석했다. 인간에게서 발생한 빅데이터가 그대로 인공지능의 판단에 영향을 미친다면 바이어스bias(체계적 오류)가 충분히 발생할 수 있다.

둘째로, 인공지능 모델이 적용되는 상황은 잘못된 진단이나 판단이 쉽게 일어나는 환경인 경우가 많아, 이에 대한 책임 문제가 존재한다는 것이다. 앞에서도 잠깐 언급했지만, 테러가 일어나는 상황은 대다수의 일상적인 패턴 대비 그 수가 매우 적다. 그 수준은 몇천분의 일, 몇만분의 일 수준이 아니라 몇천만분의 일, 몇억분의 일 수준으로 적을 것이다. 이 경우 기술적으로 대다수의 정상 패턴으로부터 극소수의 이상 패턴을 모두 정확하게 구분해내는 것은 매우 어렵다. 기계학습 분야에서는 이를 범주 불균형class imbalance이라 칭한다. 범주 불균형 상황에서는 극소수의 이상 패턴을 잘 탐지하는 모델은 대다수의 정상 패턴 중 일부를 이상 패턴이라고 예측할 가능성이 높아진다. 이를 잘못된 알람false alarm이라고 한다. 잘못된 알람은 말 그대로 인공지능 모델이 어떤 케이스를 관심 있는 일정 범주(예를 들어, 테러)에 속하는 진단을 내려 알람을 울렸을 때, 얼마나 이 알람을 신뢰할 수 있는가를 확률적으로 표현한 것이다. 가령, 인공지능 기반 테러 방지 시스템이 CCTV에서 어떤 행위가 나타나자 이를 테러 행위라고 판단했다고 가정하자. 이에 수많은 인력이 투입돼 해당 행위를 저지하러 가게 되는데, 이것이 잘못된 내용이라면 얼마나 맥이 빠지겠는가? 잘못된 알람이 계속 반복되면 인공지능 모델은 거짓말쟁이 양치기 소년으로 전락하고 말 것이다.

또 다른 문제도 존재한다. 만약 어떤 행위를 테러가 아니라고 판단하고 인공지능 모델이 그냥 지나쳤는데, 실제로 이

행위가 테러로 이어졌다고 가정해보자. 이는 엄청난 사회적 희생과 손실을 초래하게 된다. 대다수의 사람이 분노할 것이며, 곧바로 인공지능 기반 테러 방지 시스템에 대한 실망감이 크게 조성될 것이다. 헬스케어 분야에서도 마찬가지다. 의료 영상으로부터 암을 진단하는 인공지능 모델이 실제 암 환자의 케이스를 정상이라고 진단한다면, 이는 한 사람의 생명에 위협을 가한 결정이 된다. 그럼 인공지능 모델의 잘못된 판단은 누가 책임질 것인가? 인공지능 모델을 설계한 사람의 잘못인가, 인공지능 모델에 학습할 데이터를 만든 사람이 잘못인가, 아니면 인공지능 모델을 도입하자고 주장한 사람의 잘못인가. 이 역시 간단하지 않은 문제다.

이와 유사한 사태는 주식시장에는 이미 몇 차례 있었다. 1986년 컴퓨터 공학자이자 모건스탠리Morgan Stanley(미국을 대표하는 투자은행) 출신인 데이브 쇼는 주식 자동매매 프로그램을 개발했다. 자동매매 프로그램은 고빈도 거래시스템 또는 초단타매매 프로그램이라고도 불린다. 주식 등 금융상품의 매매가격이 미묘하게 변하거나 국가별로 금융상품의 매매 또는 매수가격이 동일하지 않은 시점을 포착, 매매하는 프로그램이다. 2012년 나이트캐피탈 그룹은 새로운 자동주식 매매 프로그램을 출시했는데 알고리즘 오류로 인해 45분 동안에 70억 달러의 잘못된 거래를 수행해 5억 달러 손실을 보며 파산 위기에 몰리기도 했다. 더 유명한 사건은 미국 증권거래위원회가 6개월 동안 전자시스템을 몽땅 뒤져 찾아낸 사태였다. 이것은 미 증권위원회가 1998년에 뉴욕증권거래소NYSE와 나스닥NASDAQ이 독점하는 주식거래시장을 규제하기 위해 전자증권거래시스템Electronic Communication Networks을 승인하면서 2010년에 벌어진 일이다. 당시 미국다우존스지수는 몇 분간 1,000포인트 가까이 하락했는데, 이것의 시작은 대형 뮤추얼펀드회사의 자산관리사가 프로그램으로 41억 달러 규모의 선물매도 주문을 걸어놓은 것에서부터였다. 마침 매수자가 부족했고, 위험을 감지한 방어적 형태의 자동 프로그램은 투자자를 보호하기 위해 손절을 시작했고, 선물시장의 위기는 뉴욕증권거래소와 나스닥의 현물시장에도 전이되어 주가가 폭락했던 것이다. 결국, 이상 징후를 느낀 시카고 상업거래소가 5초 동안 거래중지를 하면서 몇 분 후에 주식시장은 그대로 회복되긴 했지만 자본주의 시장의 근간이 무너질 뻔한 위기였다고 감히 말할 수 있다.

현재 인공지능 모델은 인력을 대체하는 개념보다는 의사결정 지원 시스템으로 바라보는 것이 옳다고 생각한다. 구글 딥마인드의 연구에서 안과 전문의가 인공지능보다 판독 성과가 나쁘다고 해서 이들의 필요성이 없어지는 것은 아니다. 그들은 임상적으로 새로운 질환과 이에 대한 치료법을 꾸준히 찾아낼 것이다. 인공지능은 그들의 경험을 조금이라도 자동화해 진단 근거를 만드는 데 도움을 주는 역할이다. 인공지능에 의해 위협을 받는 직군이 생길 수는 있으나, 인간의 역할에 인공지능 모델의 운영 및 유지 영역으로 도입될 뿐이고 결국 완전한 대체는 어려울 것으로 보인다.

예술적 인공지능

폴란드 소설가 스타니스와프 렘Stanistaw Lem의 『사이버리아드』를 보면 세계를 창조한 인공지능 로봇 클라포시우스와 트루를이 나온다. 트루를이 클라포시우스에게 '전자시인'을 만들었다고 자랑하자 클라포시우스는 트루를을 의심한다. 그러자 트루를은 '전자시인'에게 '이발'을 소재로 하고 '고상하며 비극적'인 어조로 시를 지으라고 지시한다. 그리고 플롯은 '배신과 인과응보'를 기본으로 깔고 확실한 파멸 앞에서 영웅적인 모습이 나타나야 한다고 말한다. 마지막으로 형식은 6행이고 모든 단어는 S로 시작하라고 명한다. '전자시인'은

곧 그에 딱 맞는 시를 짓는다.

Seduced, shaggy Samson snored.

She scissored short, Sorely shorn,

Soon shackled slave, Samson sighed.

Silently scheming,

Sightlessly seeking

Some savage, spectacular suicide.

유혹에 빠진 털북숭이 삼손은 코를 골았네.

그녀는 짧게 머리칼을 잘랐지, 비통하게 털이 깎이고,

이내 족쇄가 채워진 노예, 삼손은 한숨지었네.

조용히 음모를 짜고,

눈먼 채로 갈구했네

잔인하고, 극적인 자살을.

인공지능이 기사를 쓴다는 것은 이제 식상한 일마저 돼버렸다. 특히 규칙이 명확하고 결과만 간략하게 제출하는 스포츠 기사의 경우는 인공지능을 적용하기 가장 좋은 환경을 갖췄다. 아래에 인용된 기사는 데이터와 알고리즘을 활용해 기사를 자동 생산하는 스태츠멍키가 쓴 기사다. 스태츠멍키는 통계를 뜻하는 'Stats'와 원숭이를 뜻하는 'Monkey'의 합성어다.

9회 말 2명의 주자가 나가 있었지만, LA 에인절스의 상황은 다소 비관적이었다. 그러나 블라디미르 게레로의 적시타로 에인절스는 지난 일요일 펜웨이 파크에서 열린 보스턴 레드삭스의 경기를 7 대 6으로 승리했다. 게레로는 에인절스 주자 2명을 홈으로 불러들였다. 이로써 게레로는 4타수 2안타를 기록했다.

2016년 6월 유튜브에 SF장르의 영화 한 편이 공개됐다. 인

◆인공지능 벤자민 시나리오 영화 「선스프링」

공지능 벤자민이 쓴 시나리오로 만들어진 9분짜리 단편영화 「선스프링」이다. 1980~1990년대의 SF(공상과학)영화 대본 수십 개를 학습한 후 쓴 대본이다. 우주정거장의 한 사무실에서 남자 2명과 여자 1명이 삼각관계처럼 보이는 갈등을 겪으며 나누는 대화가 주요 줄거리다. 유튜브 댓글에는 '심오하다' '특이하다' '익숙하다'라는 등의 반응이 나왔다. 실제로 그 영화를 보면 인물들의 대화가 개연성이 크게 없다고 느껴질 수도 있지만 SF 기법을 충실히 따른 구조다. 한 사람이 뭔가 오래된 책처럼 생긴 스크린 패드를 읽듯이 그 내용을 두뇌로 스캔하자 상대방의 입에서 갑자기 눈알 구슬이 나오는 등 충분히 흥미는 느낄 수 있다.

인공지능이 작곡을 통해 음악을 만들 수도 있다. 구글의 마젠타Magenta프로젝트는 구글의 머신러닝 오픈소스 텐서플

Google Magenta Music

◆마젠타 홈페이지

로우Tensor Flow를 활용해 예술 분야의 산출물을 낸다. 마젠타의 첫 번째 프로젝트는 80초짜리 피아노곡이다. 심플하지만 연주라고 할 수 있을 만큼 귀를 사로잡는다. 전문 작곡가의 작품이라고 해도 손색이 없을 정도다. 4개의 첫 음표를 제시한 상태에서 머신러닝 알고리즘으로 작곡했고, 피아노 외의 악기 반주는 사람이 개입됐다. 몇 개의 단순한 음을 기계의 힘을 빌려 펼쳐놓은 미디MIDI 스타일의 곡이다. 인공지능이 음악과 관련된 데이터베이스를 통해 음악을 학습한다는 것 자체에 큰 의미가 있다. 그런데 이 음악은 인공지능을 통한 데이터 재조합이기 때문에 창작으로 보기 어려운 점이 있다. 영국 딥마인드와 협력해 약 1,000여 가지 악기와 30만 개 이상의 연주 데이터베이스 구축 후 AI에 학습시켰다. 데이터베이스 '엔신스NSynth'는 신경 신시사이저 도구로써 인공지능에 학습을 시켜 조합함으로써 새로운 음악을 창작했다.

인공지능 화가 딥드림Deep Dream은 구글의 예술 분야 조직 '그레이 에이리어 파운데이션Gray Area Foundation'으로부터 탄생했다. 사진을 업로드하면 구글의 이미지 인식 알고리즘이 사진을 스캔하고 유사한 형상들을 찾아낸다. 마치 꿈에 나올 법한 그림을 만들어준다는 의미에서 '딥드림'이라는 이름을 갖게 되었다.

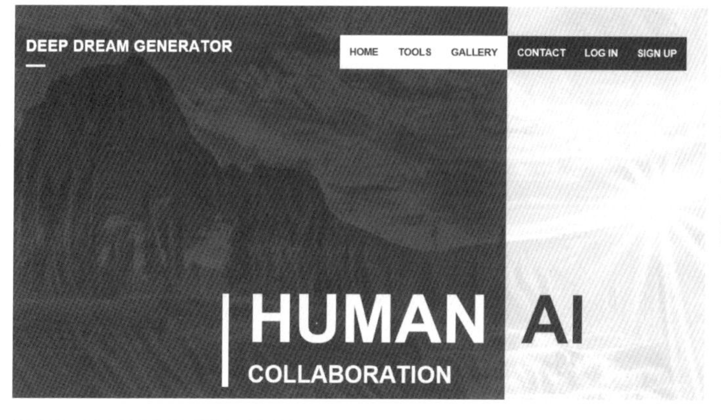

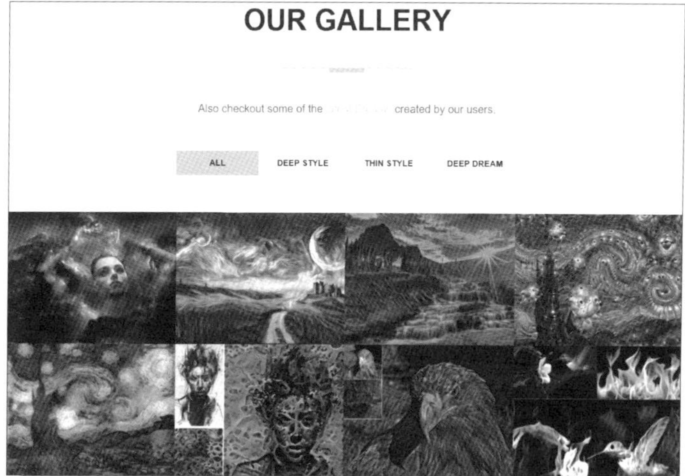

◆딥드림 제너레이터로 만든 작품

웹사이트에 접속하면 간단한 데모가 가능하다. 타이틀에 원하는 제목과 사진, 드림 타입Dream Type에는 영혼, 신경세포, 발리리아Valyria라는 전설의 도시를 선택할 수 있다. 주어진 정보를 가지고 이미지 합성 알고리즘인 인셉셔니즘Inceptionism을 통해 재해석한 추상적 이미지를 창조해낸다. 2016년 2월 미국 샌프란시스코에서 딥드림으로 창조한 작품 29점이 9만 7,000달러에 팔리면서 화제가 되기도 했다. 예술 창작의 주체였던 인간의 지위가 흔들리는 것은 아닌지에 대한 염려를 하는 사람도 적지 않다. 하지만 아름다움이란 감상하는 사람 내면의 기준에 달린 것이며, 감상자가 예술로 바라본다면 어떤 것이든 예술로 인정받을 수 있다. 따라서 인공지능이 만든 창조적 결과물도 결국엔 예술로 인정받을지도 모른다.

인공지능의 시대,
적의 공습인가?

2016년 다보스 포럼에서 영국 캔터베리 대교구장 저스틴 웰비 대주교는 "임박한 변화가 요구하는 것은 단순히 경제적 대응이 아니라, 영적인 대응spiritual response이다. 이는 오로지 돈 문제에 국한되지 않는다. 오히려 인간은 어떤 존재인가에 관한 좀 더 본질적인 문제다"라고 말한 바 있다. 이것은 어떤 의미일까? 화자가 종교 지도자인 점을 떠나서 말한다 하더라도, 지금의 사회변화는 단지 특정 기술의 발달, 생산성 향상, 일자리 감소 같은 차원의 사회 문제가 아니라는 것이다. 그가 던진 메세지는 전 인류의 사고방식 변화를 요구하는 근원적 패러다임 전환Paradigm shift을 의미하는 것이다.

인공지능이 인간의 일자리 상당수를 차지할 것이라는 관측과 이에 대한 의견은 수없이 많은 기관과 연구자들이 내세우고 있는 주제다. 인공지능의 영향에 관한 보고서 중 단연 가장 많은 양을 차지하는 내용이다. 가장 보수적인 의견을 대표하는 맥킨지 글로벌 연구소MGI에서 100여 개국의 약 800개 직종 2,000가지 직무를 분석해 발간한 보고서가 있다. 업무 자동화에 따라 완전히 대체 가능한 직종은 전체 일자리의 약 5퍼센트 정도이고, 약 30퍼센트는 그 직무 중 60퍼센트 정도가 대체 가능한 것으로 나타났다.

이러한 조사 결과는 매우 단순화된 천편일률적인 설문조사에 의존하는 경우가 많아 그 숫자 자체를 심각한 의미로 받아들일 일은 아니지만, 그 함의에 대해서는 생각해볼 필요가 있다. 인공지능의 일자리 대체 문제에 대한 수많은 의견과 주장들이 첨예하게 맞서는 가운데, 이 보고서에서 정말로 말하고 싶은 것은 무엇인가? 한 가지 분명한 것은, 인공지능의 노동력 대체가 실제 우리 사회에 나타나는 형태는 인간의 특정 업무 진행을 효율적이게 돕는 역할일 가능성이 높다는 사실이다.

연구 결과에 따르면 자동화하기 쉬운 업무는 정형화되

고 예측 가능한 환경에서 이루어지는 육체노동이나 단순 사무의 경우가 많았다. 또 데이터 수집과 프로세싱 역시 자동화 대상이 될 확률이 높다. 이러한 단순 작업들은 오늘날 미국 경제의 약 51퍼센트를 차지하고 있으며, 특히 제조업, 숙박업, 식품산업 및 소매업에 포진해 있다. 결론적으로 맥킨지 글로벌 연구소의 보고서는 인공지능에 대해 "분명히 인력을 대체할 수 있는 잠재력을 가지고 있지만, 당장 아주 심각한 위협을 보이고 있는 것은 아니며 향후 AI 기술 발전이나 사회변화의 속도에 따라 또 다른 내용의 시나리오가 발생할 수 있다"고 보고 있다.

그러나 이에 대해 기계의 노동 시장 잠식 우려를 과소평가 하고 있다는 의견도 팽팽하게 맞선다. 먼저 기술은 노동력과 달리 수익이 가속화된다는 점을 지적한다. 기술의 발전 속도가 점점 빨라지고 있기 때문이라는 말이다. 이와 관련해 아마존의 키바시스템을 잠깐 살펴보자. 물류 혁신으로 각광받는 아마존의 이면에는 자국 내 가혹한 노동 환경 기업이라는 꼬리표가 붙는다. 물류센터에서 근무하는 직원은 하루 평균 24킬로미터를 걸어야 하며, 여름철 물류센터 내부 온도는 37도에 육박한다. 거대한 부지 면적을 갖추고 쏟아지는 물량에 1,000여 명 이상이 주문을 처리하고 있지만 역부족이다.

블랙프라이데이나 연말 세일 행사와 같은 이벤트로 성수기가 찾아오면, 약 8만 명 이상의 단기 아르바이트 인력으로 주문량을 소화하기도 한다. 실제로 2013년 사이버먼데이 기간 중 아마존의 총 주문 수는 368만 건에 육박했다. 매년 주문량이 늘어나면서 매출이 증가하지만 인건비에 대한 부담은 만만치 않다.

아마존 입장에서 폭발적인 주문량을 소화하려면 인건비와 노동환경을 개선하는 것은 가장 큰 숙제다. 문제 해결 방법으로 2012년 9,900억 원에 로봇 키바시스템을 도입했다. 아마존의 거대한 물류센터는 선반들이 가지런히 나열돼 있다. 제품의 코드를 통해서 적절한 선반 위치에 배치하고, 출하할 때는 휴대용 단말기를 이용해 찾는 제품이 어느 선반 위치에 있는지 최적의 경로를 탐색한다.

키바시스템은 제어센터에서 원격 명령을 통해 상품을 넣은 선반으로 이동해, 선반 자체를 담당자에게 전달한다. 키바는 최대 320킬로그램까지 들어 올릴 수 있고 멀리 있는 선반까지 찾아갈 필요가 없기에 기존 대비 작업 효율도 3배 이상 늘어났다. 기존엔 사람이 선반 사이를 이동해야 했기에 통로가 필요했지만, 키바는 기본적으로 선반 아래로 이동하기 때문에 통로의 폭도 최소화해 부지를 충분히 확보했다. 덕분에

◆아마존 키바시스템

더 많은 선반을 설치할 수 있고 제품 물동량도 늘릴 수 있었
다. 키바는 비용 면에서도 뛰어나 20퍼센트 이상의 인건비 절
감을 할 수 있다. 아마존 전체로 보면 4억 500만~9억 달러에
달하는 인건비가 줄어들 전망이다.

또한 우리가 가진 기술이 단순 자동화 수준에서 문제의 해
결과 추론이 가능한 인지 자동화 수준으로 발전함에 따라, 기
존에 생각하던 것처럼 블루칼라, 즉 육체노동자들뿐 아니라
지식노동자인 화이트칼라들도 대체 가능할 것으로 예상된다
는 점 역시 빠질 수 없는 부분이다. 실제로 고급 지식노동자
계층으로 알려진 경영컨설턴트, 회계사, 예술가(화가 등), 기

자, 법률가 보조원(심지어 변호사), 심지어는 머신러닝 알고리
즘을 만든 데이터 공학자마저 대체 가능하다는 연구 결과들
이 속속 등장하고 있는 것이 현실이다.

아직 오지 않은 미래에 대해서 섣불리 예측하기는 어렵다.
하지만 우리는 쏟아지는 관측과 연구, 기대와 우려, 논란과
토론 사이에서 항상 촉각을 곤두세우고 다가올 변화를 대비
해야만 한다는 점은 분명하다.

　　　　4차 산업혁명 시대 IT 트렌드 따라잡기

3장

자율주행자동차

자율차보다 먼저 있었던
자율비행기

　현재의 대표적 이동수단이 자동차인 만큼 인공지능과 IT 기술이 결합된 자율주행차 개발에 박차를 가하고 있다. 자율주행차가 상용화돼 육지를 지배한다면 그다음은 하늘을 지배할 자율비행기가 출현할 것 같지만, 흥미로운 사실은 자율주행자동차 이전에 자율비행기가 먼저 존재했다는 사실이다.

　약 100년 전인 1914년 프랑스 파리에서 항공안전 기술력을 선보이는 항공안전 경쟁Concours de la securite en Aeroplane이 개최됐다. 세계 각국에서 모인 내로라하는 69명의 비행기 조종사들이 모여 다양한 항공기술과 장비들을 선보였다. 드디어 마지막 순서에 자리한 미국 로렌스 스페리 조종사가 운행하는 날개 2개인 C-2 복엽기가 출발했다. 얼마 되지 않아서 관중들은 모두 크게 놀라 벌떡 일어섰다. 조종사가 조종간에서 손을 떼었는데도 비행기는 저절로 날고 있었기 때문이다. 심지어 비행기는 자유롭게 회전하고 방향을 바꿨으며 안정적으로 균형을 잡았다. 관중을 비롯해 심사위원들마저도 열렬히 환호를 보냈고 결국 C-2 복엽기는대회 우승을 차지하며 유럽을 들썩이게 했다.

우승기 C-2 복엽기 안에는 조종사 로렌스 스페리Lawrence Burst Sperry(1892~1923)가 엔지니어인 아버지와 함께 개발한 세계 최초 자동조정장치인 자이로스코프 스태빌라이저Gyroscope-stabilizer가 있었다. 자이로 스태빌라이저는 기본적으로 플라이휠Flywheel, 스핀모터Spin motor, 짐벌Gimbal 등으로 구성된다. 특히 자유 운동Free motion이 가능한 짐벌과 브레이킹Braking 메커니즘은 이동체에 외력이 가해지면 자이로스코프의 원리에 의해서 짐벌이 회전하며, 이때 발생하는 복원력을 이용해 이동체의 흔들림을 방지하는 장치다. 오늘날 자이로 스태빌라이저는 비행기, 자동차, 선박 등 다양한 산업 분야에 적용돼 있고 자율주행기술의 핵심장치 중 하나로 손꼽히고 있다.

　그 이후 70여 년이 지난 1988년 또 한 번 자율비행 운행기술이 세상을 놀라게 했다. 컴퓨터로 자동화된 최초의 상용기라고 할 수 있는 A320이 탄생했기 때문이다. 조종실에는 아날로그적인 다이얼과 배터리 측정기가 없었으며 유리로 된 스크린 모니터가 있는 디지털 비행제어의 최초 디자인 모델이 됐다.

　2000년대 들어 자율주행자동차 기술이 급속도로 발전하여 주목을 끌고 있으며 자율주행기술이 발전함에 따라 하늘에서도 자율비행시대를 위한 준비가 한참이다. 최근 두바이에서는 도심 위를 나는 무인비행택시 시운전이 성공했고, 미국항공우주국NASA까지 자율비행택시 개발에 나섰다. 특히 글로벌 항공기 생산을 양분하고 있는 미국 보잉과 프랑스 에어버스가 여객기 조종석에 조종사 없이도 운항할 수 있는 자율비행 시스템 도입을 위한 작업을 본격화하고 있다.

자율주행자동차에는
핸들이 있다? 없다?

구글의 자율주행차 사용자 인터페이스를 살펴보자. 스티어링 휠(핸들)에 각기 다른 압력을 적용해 차량의 제어를 포기하거나 회복하는 것이 가능하다. 제어 컴퓨터는 조명색이나 위치를 통해 승객에게 상태 정보 전달이 가능해 두려움 없이 스마트폰을 사용할 수 있게 해준다. 졸음이나 실수로 인해 스티어링 휠을 건드려 수동모드로 돌아가는 것을 방지하기 위해 특정 타입의 터치 감지만 승인하고 있다. 핸들이 있지만 사실 크게 필요가 없는 것이다.

“2021년에는 핸들과 브레이크가 없는 차가 나온다”고 미

◆핸들 없는 자동차

국 포드사가 상용차 업체 처음으로 자율주행차 로드맵과 투자계획을 밝혔다. 포드사는 스티어링 휠, 가속페달, 브레이크 페달이 없는 '4단계 자율주행차'를 2021년에 내놓을 계획이라고 밝혔다. 물론, 미래의 자율차에는 스티어링 휠이 있을 수도 있고 없을 수도 있다. 스티어링 휠이 있는 자율차는 가끔 수동으로 드라이빙하고 싶은 고객을 위해 출시될 수도 있을 것이다.

자율차가 가까운 미래에 변화시킬 수 있는 영역 중 하나는 운송 부분일 것이다. 얼마 전 아마존에서 빅데이터 분석에 근거해 특정 지역에서 잘 팔리는 일상 재화를 실은 자율트럭을 테스트한 적이 있는데, 이는 우리 현재까지의 일상을 생각해

보면 놀라운 일은 아니다. 우리는 우버나 카카오택시가 나오기 전까지는 길에서 우연에 기대 택시를 잡았다(물론, 동네에 오래 살다 보면 어디에서 택시 통행량이 많다는 감은 생긴다). 그러니까 택시 역시 어디에서 고객을 탑승시킬지 모르는 채 무작정 도로 위를 달린 것이다. 우버 같은 O2O^{online to offline} 모바일 플랫폼은 양쪽의 공급·수요 정보를 이어준 것이고, 자율차는 운전사를 태우고 무작정 달리던 택시에서 수고 많던 운전사를 내리게 할 수 있다.

구글이 검토 중인 자율차 픽업 서비스를 보면, 이용자는 모바일 화면의 지도에서 자신의 출발지와 목적지를 보내 자율차에게 픽업 요청을 할 수도 있고 택시의 경우 지금처럼 합승도 할 수 있게 될 것이다. 물론 2명 이상의 승객 로컬 정보와 주변의 많은 자율차의 이동경로 같은 데이터를 분석해 인공지능이 판단을 내리게 될 것이다. 이런 서비스는 당연히 구글만 검토하고 있는 것은 아니다.

자율주행자동차의 상용화 시기에 대해서는 회사마다 의견이 조금씩 엇갈리고 있다. 닛산은 2020년으로 보고 있고, 도요타는 2010년대 중반, 독일의 콘티넨탈은 '2016년까지 간이적으로, 2020년까지는 정밀도가 높은 상태로, 2025년에는 완전한 상용화' 단계로 이뤄질 것이라 전망하고 있다. 시기 차

　　　　　4차 산업혁명 시대 IT 트렌드 따라잡기

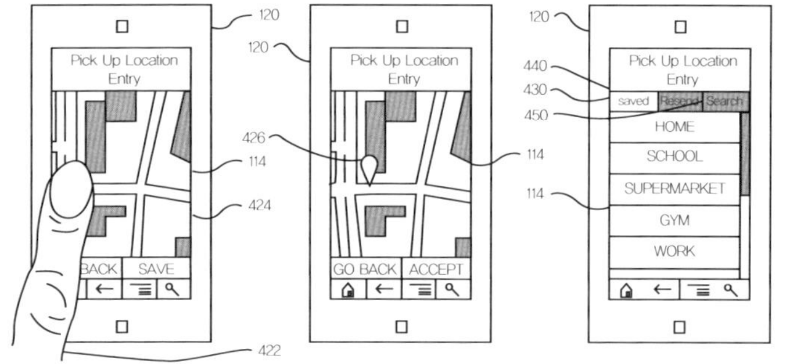

◆구글의 자율차 픽업 서비스

이는 있지만 자율주행의 시대가 머지않았다는 점에 대해서
는 이견이 없는 상황이다.

자율주행자동차 발전으로 인해 원격 조종이 가능한 무인
자동차 기술까지 더불어 발전한다면, 운전기사라는 직업이
사라지면서 운수업계 일대 변화가 일어날 전망이다. 또한 자
동차 딜러, 주차장, 정비사 등 자동차와 연관된 직업군 자체
에도 많은 변화가 일어날 것이라 예측된다. 교통사고 처리 분
야에서도 마찬가지다. 사고 발생률은 기존보다 현저히 줄어
들 전망이지만, 또 다른 문제를 야기할 수 있다. 자율주행자
동차 간의 충돌 시 사람의 운전을 전제로 의무 규정을 두고
있는 지금의 도로교통법상의 가해자는 없어지게 된다. 이에
따라 정부는 자동차 제조사에 그 책임을 물으려고 할 것이고,

각 제조사들은 상대방 차량의 소프트웨어의 문제점을 지적하며 책임을 기피하려들 것이다. 이에 따른 법정 공방을 피하긴 어려울 것으로 보인다.

또한 보험 산업도 많은 변화가 예상되는데, 인간의 실수로 인한 교통사고는 현저히 줄어들 전망이지만, 운전 주체가 사람에서 기계로 바뀌면서 책임 소재가 지금의 운전자 중심에서 제조사에 묻게 되는 형태로 변화가 이뤄질 것으로 보인다. 이 때문에 자동차 제조사가 보험 가입의 주체로 떠오를 전망이다. 기술 발전으로 인해 교통 사고율이 현저히 줄면서 자동차 보험시장이 축소될 것이란 예상도 나온다. 하지만 새로운 리스크에 대한 신종 보험 상품이 늘 것이라는 전문가의 예측도 나온다. 운전자의 판단 실수로 인한 자동차 사고는 애당초 일어나지 않을 것이기 때문에 경찰의 교통사고 관련 업무도 기존과 대비해 현저히 줄어들 전망이다. 교통사고는 소프트웨어나 시스템 문제로 발생할 것이기 때문에 책임 추궁은 사고 발생 지점이 아닌 운영자의 본사가 있는 지역 내 경찰 관할지에서 이뤄질 수 있다.

자율주행자동차가 미칠 영향력 중 가장 가까운 시일 내 실현될 수 있는 사안은 바로 자율차 시스템에 뒤처진 기존 자동차 제조사들의 위축과 시장 이탈이다. 완성차 업계에서 사활을 걸고 2020년까지 자율주행자동차를 상용화하겠다고 발표한 것도 이 같은 변화에서 살아남기 위한 몸부림으로 볼 수 있다. 하지만 골드만삭스는 2017년에 발표한 보고서에서 완성차 제조사가 가장 유리한 포지션을 갖고 있다고 전망했다. 대개는 자체 금융 사업을 갖고 있어 자금 조달 능력이 있으며 판매 딜러 네트워크를 갖고 있기 때문이다. 구글 같은 자율차 기술 회사는 현재처럼 직접 제조에서 소프트웨어 공급사로 변할 수 있고, 우버 같은 업체는 완성차를 제조·판매하는 경우에 자산·부채에 대한 부담감으로 진출하지 않을 것이란 분석이다.

자율주행차의 감각과 판단

자율주행차의 작동원리에 대해 살펴보자. 자동차 전면에 설치된 카메라를 통해서 데이터를 입력받아 이를 통해 직진, 우회전, 좌회전할지에 대한 의사결정을 내린다. 입력받은 데이터를 통해 운전의 의사결정을 수치로 매길 수 있도록 신경망의 가중치를 학습시키는 과정을 반복한다.

센서

최근 주로 사용되는 자동차 센서에는 주차 보조 장치PAS:

Parking Aid System에 사용되는 초음파 센서를 비롯해 에어백 Air-bag의 충격감지 센서, 차체 제어 장치ESC: Electronic Stability Control의 가속도 센서와 스피드 센서, 타이어 공기압 경보장 치TPMS: Tire Pressure Monitoring System의 압력 센서 등이 있다. 아직까지는 보조적인 역할에 그치는 경우가 대부분이지만, 향후 센서 기술은 자동차의 핵심이 될 전망이다.

센서의 역할은 운전자의 안전과 편리함을 위해 확장되는 추세다. 운전자의 안전과 관련해 지금까지 나온 자동차 장치 는 ABSAnti-lock Braking System, 차체 제어 장치, 구동 제어 장치 TCS: Traction Control System, 제동력 분배 시스템EBD: Electronic Brake-force Distribution 등 사고 발생을 최소화하거나, 발생 시 자동차의 움직임을 최대한 잡아주는 능동안전장치Active Safety System, 에어백, 액티브 시트벨트, 액티브 헤드레스트 등 운 전자의 직접적인 충돌을 방지하는 수동안전장치Passive Safety System가 있다.

이제는 단순한 안전장치를 넘어, 사고 위험이 발생하기 전 에 운전자에게 경고를 해주는 기술이 아니라 운전자를 대신 해 자동차를 안전하게 제어해주는 기술까지 개발되고 있다. 이는 센서의 속도와 정밀도가 향상되고, 다양한 센서 기술 이 발전하면서 가능하게 됐다. 카메라 센서와 이미지 처리 기

◆자율주행차 센서 시각화 이미지

술이 발전하면서 차선 이탈 방지LDWS: Lane Departure Warning System, 안전거리 유지시스템, 사각지대 경보시스템 등도 개발 됐다. 이 같은 경보시스템은 단순히 운전자에게 영상 혹은 음 성으로 경고 메시지를 전달하는 것을 넘어 다양한 상황에서 자동차의 움직임을 자동으로 제어, 위험 상황을 벗어날 수 있 도록 돕는다. 운전 중의 위험 요소는 비단 외부 환경뿐만 아 니라 운전자에게도 있다. 이 때문에 운전자의 움직임이나 상 태, 건강까지 체크해 행동까지 예측해 안전운전을 할 수 있도 록 유도하는 기술이 개발되고 있다.

자율주행자동차, 스마트자동차와 같은 미래의 자동차를

현실화하기 위한 전제 조건은 센서 기술의 발전이다. 스마트 자동차의 핵심이 되는 센서는 레이더센서RADAR, 라이더센서LIDAR: Light Detection And Ranging 그리고 카메라센서다. 레이더센서는 자동차 주변 사람이나 물체들을 감지하기 위해 사용되는데, 근거리뿐만 아니라 수십 미터 이상의 중장거리 감지도 가능하다. 라이더센서는 자동차 주변 환경을 3D로 인식해 자동차와 물체 또는 사람 간에 정확한 거리 정보를 실시간으로 알려준다. 라이더 없이 자율주행자동차 개발을 하려는 업체들도 있지만 대세는 역시 라이더다. 게다가 최근 스타트업이 새로운 기술을 채택한 라이더를 속속 개발, 저렴한 가격에 공급하겠다고 발표하면서 그동안 가격이 비싸 라이더 구입에 어려움을 겪던 개발자들에게 희소식이 되고 있다. 카메라센서는 신호등, 표지판, 차선, 보행자 등 운전자에게 필요한 모든 정보를 인식한다.

라이더센서에 초반부터 가장 관심이 많았던 것은 미국 방위고등연구계획국DARPA이다. 다르파는 2004년부터 라이더센서를 활용한 자율차로 240킬로미터의 복잡한 지형을 완주하는 팀에게 백만 달러 우승 상금을 걸었다. 첫 번째 대회에서는 10킬로미터 이상을 돌파한 팀은 없었지만 2005년에는 스탠퍼드대학 팀이 우승했다. 이후 스탠퍼드대학 팀의 주요

인물은 구글 리서치로 이동했고 이들이 구글의 자율주행자동차 개발에 착수했고, 곧 모든 자동차 제조사들이 구글의 뒤를 따라 자율차 개발에 박차를 가하고 있다. 라이더센서의 중요성을 알 수 있는 에피소드다.

네트워크

자동차의 네트워트 기술은 세 가지로 나누어 볼 수 있다.

1. 운전자에게 자동차의 상태와 대처 방안을 알려주는 기술이다. 자동차에 달려있는 다양한 센서와 운행 정보를 분석해 차량의 상태 또는 위험 상황을 영상이나 음성으로 알려주고, 주유소나 정비소 혹은 보험사 등과 실시간으로 통신해 대처 방안 및 해결 방법을 알려줄 수 있다. 자동차가 운전자의 상태를 파악할 수 있다면 보험사나 병원이 이 같은 정보를 공유해 운전자가 위험에 빠지기 전에 대처할 수 있다.

2. 운전자에게 필요한 다양한 정보를 자동차가 알려주는 기술이다. 교통 상황이나 길 찾기, 날씨 등의 기본적인 정보뿐만 아니라 신호등 체계, 도로 상황과 연계해 최적화된 운전이 가능하도록 정보를 제공한다. 사고, 공사, 행사 등 특이 요소까지 고려한 도로 정보와 기타 운전 관련 정보를 실시간으

 4차 산업혁명 시대 IT 트렌드 따라잡기

로 운전자에게 알려주는 것이 가능하게 된다.

3. 자동차와 자동차 사이의 통신이다. 자동차 사이의 통신은 교통 상황 공유, 사고 방지 그리고 교통 흐름 최적화를 위해 필요한 기술이다. 자동차와 도로시스템이 통신하고, 각 자동차 간의 통신이 가능케 된다면 완벽한 통신 네트워크가 구성돼 종합적인 교통 시스템 운영이 가능하게 된다. 이렇게 지능형 교통시스템ITS: Intelligent Transportation System이 갖춰지게 되면 모든 신호등이 통행량에 따라 유기적으로 바뀌고, 차량들 역시 각자 최적화된 길을 따라 목적지에 도착함으로써 교통체증을 원천적으로 차단할 수 있게 된다.

그렇다면 자동차와 사람, 자동차와 자동차, 자동차와 외부 시스템과의 통신을 위해서는 어떤 통신 방식을 사용해야 할까? 먼저, 자동차 내부의 정보는 유선통신을 통해 한 곳에 모은다. 그 정보가 무선통신을 통해 운전자나 자동차 외부로 전달되게 한다. 자동차 내부 시스템들 간의 통신은 신뢰성과 속도, 안전성 등의 문제로 아직까지는 유선통신을 이용하고 있지만, 결국에는 근거리 무선통신으로 발전할 전망이다. 자동차와 자동차 또는 외부 시스템과의 통신은 당연히 무선을 통해서만 가능하며, 이는 근거리 무선통신과 원거리 무선통신 방식으로 나눌 수 있다.

근거리 무선통신 기술에는 블루투스Bluetooth, 와이기그WiGig, 지그비ZigBee를 비롯한 자동차 전용 통신 기술인 DSRCDedicated Short-Range Communication와 WAVEWireless Access for the Vehicular Environment가 있으며, 각각의 용도에 따라 통신 규격 표준화가 필요한 단계다.

원거리 무선통신 기술에는 스마트폰을 통해 폭넓게 활용되고 있는 와이파이Wi-Fi와 4G LTE가 있다. 자동차도 IoTInternet of Things의 일종이기 때문에 IoT 기기들과 함께 사용할 수 있는 통신 방식이 필요하다. 기존 LTE의 경우 각각의 IoT 기기에 맞춰 기술을 적용하기에는 가격적인 측면에서 부담이 크다. 이 때문에 속도는 조금 느리지만, 꼭 필요한 정보들만 보낼 수 있는 NBNarrow Band LTE가 사용될 가능성이 높다. IoT의 발전과 함께 정보통신기술ICT과 자동차의 융합기술도 비약적으로 발전할 전망이다.

인공지능

자율차에 쓰이는 인공지능 기술은 너무나도 다양하지만 대표적으로는 다음과 같다. 첫째로 인식Recognition 기술이다. 기본적으로 차선과 신호등을 인식하고, 보행자와 주변 자동차들의 움직임을 예측해야 한다. 그리고 탑승자의 의도를 정확히 인지할 수 있어야 한다. 둘째로 자동제어Automatic Control 기술이다. 자동차의 주행을 위해서는 매우 미세하고 정확한 컨트롤이 필요하다. 방향과 속도, 위치에 대해 정확히 판단하고 제어해야 한다. 또한 주차 등을 위한 다양한 운전 기술도 필요하다. 셋째는 반응Reaction 기술이다. 외부 환경은 운전 중 수시로 바뀌기 때문에 예측하지 못한 일들이 발생할 수밖에 없다. 이런 외부 환경의 변화에 빠르고 정확하게 반응하는 기술이 필요하다. 넷째는 학습Learning 기술이다. 학습은 인공지능을 완성하기 위한 마지막 기술이다. 표준화된 운전 방식은 없다. 국가와 지역, 시간에 따라 운전 방식이 다를 수밖에 없기 때문에 주변 교통 상황에 맞게 운전할 수 있게 해야 한다. 또한 모든 돌발 상황을 100퍼센트 저장해두긴 불가능하다. 스스로 운전을 하면서 데이터를 모으고, 이를 통해 정확하게 판단하고 빠르게 반응할 수 있게 해야 한다.

자율주행자동차가
사고를 내면 누구 책임?

미국특허청에 2015. 11. 3일자에 등록(특허등록번호: US9176500)
된 구글의 인공지능 기반 자율주행자동차는 자동차가 위험
을 고려해 스스로 판단하고 통제하는 인공지능 기반 능동적
감지 기능Consideration of Risks in Active Sensing for an Autonomous
Vehicle을 가지고 있다. 예를 들어 자동차가 운전 중 큰 트럭
뒤에 정차를 했는데 앞 차가 시야를 방해해 신호등이 보이지
않게 된다면, 자율주행 시스템이 이 문제를 스스로 분석해 움
직일지를 결정하는 것을 의미한다. 또한 보행자 그리고 자동
차에 따라 위험 점수도 다르게 설정되는데, 예를 들어 트럭과

충돌 상황의 위험 정도가 1,000이면, 자동차 후미를 받히는 것을 2,000정도로 계산한다. 미국 특허 출원서에 의하면 차량이 5배나 더 큰 위험이 나타날 수 있는 상황을 감지한다고 서술했는데, 길을 건너는 보행자를 치는 상황의 위험 점수 설계를 10만이라고 설정해 두었다. 구글 자동차가 트럭과 보행자 중 하나와 사고가 날 수밖에 없는 상황이 다가온다면 자동차는 위험 점수를 산정해 보행자와 사고를 내기보다는 트럭과 충돌을 하게끔 움직인다는 것이다. 구글의 자율주행 시스템은 다양한 상황 판단을 위해 GPSGlobal Positioning System, 레이더, 레이저, 카메라, 마이크로폰 등 각종 정보 수집을 위한 센스 기기를 탑재하고 있다. 이 특허는 자동차뿐만 아니라 기차, 비행기, 헬리콥터, 보트, 골프 카, 스노우모빌, 잔디 깎는 기계, 불도저 등 다른 이동수단에도 적용될 수 있는 특허다.

앞서도 말했듯이 자율주행자동차가 보편화되기 위해서는 규제 영역에 대해서도 고민해봐야 한다. 사고 발생률은 기존보다 현저히 줄어들 전망이지만, 또 다른 문제를 야기할 수 있다. 자율주행자동차 간의 충돌 시, 사람의 운전을 전제로 의무 규정을 두고 있는 지금의 도로교통법상의 가해자는 없어지게 된다. 이에 따라 정부는 자동차 제조사에 그 책임을 물으려고 할 것이고, 각 제조사들은 상대방 차량의 소프트웨어의 문제점을 지적하며 책임을 기피할 수 있다. 이에 따른 법정 공방을 피하긴 어려울 것으로 보인다.

2015년 말, 미국의 캘리포니아 교통당국은 자율주행자동차의 규제 초안을 만들었다. 이 규제에는 반드시 운전자가 차 안에 동승해야 하며, 개별 소비자의 직접적인 매매가 불가하다는 내용이 담겼다. 따라서 소비자에 대한 책임 전가를 피하기 위해, 랜탈 서비스 형태로 차를 빌려주고 이에 대한 과금을 청구토록 했다. 국내에서도 최근 자율주행 관련한 정책 연구가 이루어지기 시작했으며, 그 일환으로 정부가 산업부에 관련 정책 분과 설립을 추진한다는 계획을 세우기도 했다.

자율주행자동차의 보편화를 위해서는 완벽한 기술 구현 못지않게 사회학적 연구도 필요하다. 그 가운데 '윤리'와 '책임 소재' 등이 가장 시급하게 해결해야 할 사안으로 꼽힌다. 자율주행자동차 주행 시 사고를 피할 수 없는 상황이라면 탑승 운전자가 차 밖에 있는 사람보다 우선돼야 하는지 혹은 피해를 입을 수 있는 사람이 더 많을 경우 차 밖에 있는 사람이 우선돼야 하는지 등의 문제를 해결해야 한다. 무수한 경우의 수를 프로그래밍하는 것도 어렵지만, 도덕적 가치가 결부된 문제라 판단이 쉽지 않다. 또한 사고 발생 시 책임 소재가 자동차 소유자에게 있는지, 아니면 자동차 제조사에게 있는

지 등도 판단해야 한다. 특히 탑승자에게 직접적인 책임이 없다 하더라도 과실 비율 등에 대한 문제가 제기될 수 있다.

이 같은 문제는 보험 업계와 사회 여러 분야에 걸쳐 엄청난 혼란을 야기시킬 공산이 크다. 이 때문에 업계에서는 이 같은 문제들이 명확하게 해결되지 않은 상태로는 완전한 자율주행의 시대가 빠른 시일 내에 오지는 않을 것이라는 비관적인 전망까지 나오고 있다. 과도한 우려 제기가 기술 발전의 발목을 잡아서는 안 되지만 중요한 가치 판단의 문제인 만큼 사회 각층에서 충분히 논의돼야 한다. 일부에서는 기업에 '법인'이란 새로운 인격을 부여해 각종 제도와 규제를 시행하는 것처럼 자율차를 비롯한 인공지능 등에도 '법인'이란 새로운 인격을 부여하는 것에 대해 주장하고 있기도 하다. 기존 제도의 틀로는 기술발전에 의한 새로운 개체를 수용할 수 없기 때문이다.

4장
블록체인

블록체인을 만든 비트코인

비트코인은 그 이름대로 컴퓨터의 비트BIT에서 비롯되는 화폐다. 그래서 비트코인을 단순히 디지털(전자) 코인 정도로 바라보는 관점도 있지만, 비트코인을 바라보는 관점의 핵심은 그것의 최초 기능이었던 '화폐'와 비트코인을 가능케 하는 기술인 '블록체인'이다. 블록체인이란 사회에서 신뢰받을 수 있는 인증기술의 하나이며, 그 인증기술이 적용될 수 있는 다양한 분야 중 하나가 화폐다. 블록체인 기술을 만들고 인지 보편화를 시킨 것은 화폐로서의 비트코인이기 때문에 이 시점에서 정리가 필요하다.

화폐란 것은 원래 경제거래를 위해 만들어진 것이며, 요즘 E-커머스e-commerce에서 쓰이는 각종 간편결제 수단들도 모두 화폐다. 이미 기원 전 4세기에 아리스토텔레스는 다음과 같이 말했다.

각종 생활필수품은 쉽게 가지고 다닐 수 없으므로 사람들은 철이나 은같이 본질적으로 유용하고 생활을 위해 쉽게 사용할 수 있는 물건을 서로의 거래에 이용할 것에 합의했다. 이러한 물건의 가치는 처음에는 크기나 중량으로 측정됐으나, 시간이 경과함에 따라 일일이 계량해 가치를 기재하는 수고를 줄이기 위해 사람들은 그 위에 각인을 하게 됐다.

기원전 30세기의 수메르인들도 세켈이란 동전을 사용하고, 기원전 10세기의 히브리 왕국에서도 금화와 은화가 있었다. 하지만 화폐가 본격적으로 사용되기 시작된 것은 수공업의 발전으로 도시가 확대되고, 아랍에서의 나침반 발명 등으로 원거리 무역이 본격적으로 시작되면서부터다. 화폐의 속성으로 가장 중요한 것은 내가 물건을 주고받은 화폐를 다음에도 내가 다른 물건을 살 때 지급할 수 있어야 한다는 것이다. 즉 그것의 공인 인증성이다. 그래서 예전에는 왕의 얼굴을 동전에 새겼고 요즘에는 정부에서 인증한다는 차원에서 법정화폐라 부른다. 법정화폐가 발명되기 전까지는 로컬 기반의 많은 화폐들이 있었다. 이 화폐들은 대체로 금본위제 기반으로 예를 들어 10퍼센트의 금을 갖고 100퍼센트의 화폐를 발행하고는 했다. 그런데 문제는 은행이 문을 닫기라도 하면 이 화폐들은 모두 쓰레기가 돼 버렸다. 그래서 전체 경제를 발전시키기 위해서는 정부 또는 중앙은행 주도의 화폐가 만들어질 수밖에 없었던 것이다.

사실, 더 예전에는 금화, 은화, 동화 등의 실제 광물 가치가 그것의 교환가치였다. 하지만 이것의 문제점은 많은 물건을 거래할 때는 매번 그 무거운 화폐를 들고 다녀야 한다는 것이고, 도적을 만날 위험성도 있다는 것이다. 또한 분할성이 없었다. 양 2마리를 살 수 있는 금화 한 닢이 있을 때, 양 1마리를 사려면 금화를 2분할하는 것은 어려운 일이다. 비트코인이 소수점 8자리까지 분할되게 만들어진 것은 화폐 거래를 용이하게 하기 위함이다.

법정화폐라 하지만 그것이 사람의 신뢰를 얻기 위해서는 역사적으로 금 또는 은이 필요했다. 화폐가 금의 사슬을 끊은 것은 화폐가 사용된 최소 5천년 동안 중 불과 40년 전으로 시간 비중으로 보면 불과 0.8퍼센트의 시간이다. 미국 닉슨 대통령은 1971년에 달러의 금태환金兌換 중지를 선언하고, 최종적으로 1976년 자메이카 협정에서 변동환율제를 택한 다음부터 세계의 기축 통화로서 대표 화폐라 할 수 있는 달러는 금과 완전한 결별을 선언했다.

신뢰할 만한 기관으로부터 인증과 보증 없이는 화폐는 사실상 통용될 수 없다. 컴퓨터 입출력 상으로만 입출금되는 시스템인 신용카드 이전에 우리가 가장 많이 쓴 화폐의 형태는 지폐다. 하지만 지폐 위에 중앙은행에서 발행한 것으로 안심하고 사용해도 된다는 보증이 없다면, 그 지폐는 한 장의 종이에 지나지 않는다. 중앙은행이 지폐의 유통을 보증해도 그 뒤에는 언제든 금으로 태환할 수 있다. 물론, 사람들은 금으로 태환하지 않는다. 화폐와 전혀 다른 차원에서 그저 금을 투자상품으로 여길 뿐이다. 우리가 이 보증 체계에 너무 익숙해져 있기 때문이다. 요즘 사람들이 가장 관심 있는 것도 투자상품으로의 비트코인이다. 달러 등 어느 국가 화폐의 가치에 대한 투자(FX 거래), 금과 같은 귀금속, 광물에 대한 투자와 같은 것이다.

그래서 오스트리아 경제학파의 기틀을 세운 미제스는 "기본적으로 우리가 화폐가 가치 있다고 여기는 것은 우리가 쓰는 화폐가 한때 금의 가치에 기대었던 사실이 아직 기억에 남아 있기 때문이다"고 말했고, 밀턴 프리드먼은 "화폐가 유통되기 위해서는 원론적으로 말하자면 금 1온스만 있어도 충분하다"고 말했다.

비트코인의 가장 흥미로운 점 중 하나는 향후 100년간 발행되는 비트코인의 수가 2,100만 개로 정해져 있다는 것이다. 현재까지 밝혀진 지구에서 매장된 금의 추정량은 2만 6천 톤인인데 비트코인과 금의 공통점은 양의 유한성으로 다른 상품의 가치를 보증해줄 수 있다는 것이다. 그런데, 비트코인의 창시자 사토시 나카모토는 다음과 같이 말한 이유는 뭘까?

기존 화폐가 지닌 근본적인 문제점은 그것이 작동하기 위해서는 신뢰를 필요로 한다는 점이다. 여기에는 중앙은행이 화폐 가치를 떨어뜨리지 않을 것이라는 신뢰가 필수적이다. 하지만 국가 화폐의 역사는 이 믿음을 저버리는 사례들로 충만하다. 은행 또한 신뢰가 바탕이 돼야 한다. 우리가 맡긴 돈을 잘 보관하고 전자적으로 잘 전달될 것이라는 신뢰, 하지만 은행들은 그 돈을 신용 버블이라는 흐름 속에서 (함부로) 대출했다.

달러가 금의 고리를 끊어도 될 정도로 세계의 기축통화서 완전히 자리 잡은 후에, 이른바 복잡한 수학에 기반을 둔 금융 파생상품이 본격적으로 등장하기 시작했다. 그 이전까지만 해도 분위기는 경제 대공황 여파 때문에 투기꾼들을 포함한 금융투자기업 자체를 좋게만 보지는 않았는데, 프리드먼이 「안정을 해치는 투기꾼들을 옹호하는 글」에서 "도박을 사악한 것으로 보는 학자적인 편견 때문에 경제학자들이 투기를 부당하게 공격하고 있다"라고 하는 등 분위기가 반전되기 시작했다. 20세기 초에는 할부와 신용으로 경제를 끌어왔다면 1970년 대 이후에는 파생금융상품이 경제를 움직이는 동력이 되기 시작했다. 하지만, 이것의 부정적 결과는 우리가 잘 아는 대로 2008년에 터진 리먼브라더스 사태다. 파생상품의 고름이 터진 결과, 신용으로 부자인 척했던 빈자들은 더 빈자가 됐고 부자의 한계를 뛰어넘어 부자가 되려했던 사람들은 '월스트리트 점령 운동'과 같은 식으로 거센 비난을 받게 됐다. 이런 역사적 맥락에서 사토시 나카모토는 위와 같이 말한 것이다.

하지만 4차 산업혁명에서 더 중요한 것은 투자상품으로의 비트코인도 화폐로서의 비트코인도 아닌, 그것의 기반기술인 블록체인이다. 이것은 우리가 어떤 거래를 할 때나 합의를 해야 할 때, 또는 공통적으로 무언가를 승인해야 할 때 신뢰할 수 있는 시스템이기 때문이다. 기존에는 권위에 의한 공증만 있었다면 이제는 참여자 모두의 승인에 기반을 둔 블록체인 시스템이 구축되는 것이다.

블록체인의 개념과 기술

서태평양 미크로네시아섬 중에 하나인 얍Yap섬이라는 곳
은 비트코인의 근원 기술인 블록체인을 이해하기 쉬운 화폐
제도를 가지고 있다. 바로 '라이Rai'라 불리는 돌로 된 지불수
단이다. 앞서 이야기한 것처럼 참여자 모두가 신뢰를 바탕으
로 화폐를 이용하고 있다면, 그것이 실물이 됐든 혹은 디지털
이 됐든 간에 모두 그 화폐수단을 통용시키고 이용할 수 있
게 된다. 얍섬의 주민들은 '라이'라는 돌덩어리를 지불 수단
으로 사용하고 있는데, 이는 블록체인의 근본 개념과 유사한
제3자들의 인증을 토대로 한 화폐 경제를 이룬 것이다. 이에

대한 사례로 섬의 한 주민이 다른 사람에게 대가를 지불하기 위해 돌을 옮기다가 바다에 빠뜨리는 일이 생겼지만, 그 돌에 대한 소유권은 그 돌을 받기로 돼 있던 사람이 지속적으로 가지고 있는 것으로 얍섬 사회에서는 인식하고 있었다. 얍섬의 사례는 사람들이 만들어내는 가치와 행위가 어떻게 다른 이에게 공유되고, 통용되는 통화가 지속적으로 사용될 수 있는지를 보여준다. 만약 그것이 실질적인 물건이 아닐지라도 어떤 가치가 사람들에게 지속적으로 사용될 수 있다고 인식한다면 엄청난 사회적 힘을 발휘할 수 있다.

◆얍섬의 스톤 코인

현대사회에서 블록체인 기술은 위에서 언급한 사람들 간의 가치와 관념의 공유를 디지털로 바꿀 수 있게 도와준 기술이다. 블록체인 이전의 현대사회는 사람들 간의 거래에서 신뢰의 문제를 해결하기 위해 여러 법적 절차 및 제3자의 기관을 통해 이 문제를 해결하려고 했다. 장외주식을 거래하기 위한 공증절차, 주식의 거래에 따른 자금결제를 위한 제3자 청산기관의 이용 등이 그것이다. 이렇듯 상당수의 신뢰 문제를 공인된 기관에 의한 법적 보호를 위해 다양한 제도적 장치들을 마련해왔다. 하지만 ICT 발전으로 인해 모바일 기술이 발전하고 개인들이 가지고 있는 디바이스 성능이 높아짐에 따라 제3자의 기관을 거치지 않아도 될 방안을 찾았다. 개개인이 직접적으로 인증 과정을 수행할 수 있게 만들어놓은 것이 바로 블록체인 기술이다.

앞서 언급한 사토시 나카모토는 이중 지불 위험 등 디지털 통화가 가지고 있는 여러 취약점을 보완도록 조치했다. 거래 장부를 투명하게 공개하고 해당 거래가 이루어질 때마다 증명을 하게 했다. 이것이 블록체인 핵심기술의 시작점이다. 물론 2018년을 지나는 현재 시점에서 다양한 블록체인의 형태가 나오고 있다. 그것이 프라이빗 블록체인인지 퍼블릭 블록체인인지에 따라서 나뉠 수 있겠지만, 블록체인의 시발점이었던 비트코인 블록체인인지에 대해 우선 이해할 필요가 있다.

　최초의 블록체인은 비트코인의 핵심 소프트웨어 프로토콜에 의해서 운영되고 있다. 비트코인을 채굴하고 있는 채굴자(블록체인에 저장된 거래기록이 맞는지 확인해 거래 승인 역할을 맡은 사람)들은 비트코인의 탄생 때부터 지금까지 서로 간에 어떻게 상호작용하고, 커뮤니케이션하고, 협업하는지를 담고 있는 통합 프로그래밍 인스트럭션을 모두 동일하게 다운받는다. 블록체인 그 자체는 어떤 한 대의 컴퓨터나 서버에 존재할 수 없고 집합적으로 동일한 서로 연결된 컴퓨터 네트워크에 존재할 뿐이다. 그 각각의 컴퓨터들을 우리는 '노드'라고 부르고 있다. 하나의 노드란 네크워크에 연결된 한 대의 PC 또는 채굴 장치를 의미하기도 하며 채굴자들은 하나의 노드를 소유한 개인이나 기업을 의미한다. 각각의 노드 컴퓨터에 깔린 클라이언트(사용자 측) 소프트웨어는 네트워크 거래가 발생했음을 알릴 때마다 언제든 매수자와 매도자의 컴퓨터(노드)가 블록체인 장부를 보고 읽을 수 있게 해줄 뿐만 아니라 앞으로 업데이트될 내용을 입력하게 해준다. 만약 개별 노드가 생성하는 업데이트 내용이 전체 네트워크에서 유효한 것으로 승인되고, 그 정보가 다른 컴퓨터들이 가진 가장 최신

　　4차 산업혁명 시대 IT 트렌드 따라잡기

의 거래내역에 관한 정보들과 정합성을 갖게 된다면 그런 세부내역들이 영구적인 블록체인 기록에 더해지게 된다.

쉽게 이해할 수 있는 사례를 통해 블록체인의 거래 작동 방식이 어떻게 되는지 이해해보자. A라는 사람이 레스토랑에서 음식을 먹고 주인인 B에게 비트코인으로 대금을 지급하는 경우의 예를 들어보자. 먼저 대금을 청구하는 레스토랑 주인인 B는 자신의 비트코인 지갑 주소를 대금 지급을 해야 하는 A에게 알려준다. 이런 비트코인 지갑은 비트코인 거래소 혹은 비트코인 전자지갑 업체로부터 쉽게 발급이 가능하고, 해당 지갑은 공개키Public Key를 통해 생성된다. 지갑의 주소LFdVycAP27mdEE1FCsZwWbY1p9VomEsDF는 우리가 흔히 알고 있는 이메일 주소보다는 복잡하다. 하지만 전자지갑 업체들은 QR코드를 제공하기 때문에 1:1 거래를 하게 되면 QR코드를 통해 주소를 상호교환하기 때문에 쉽게 전달할 수 있다. 이런 공개키는 해당 지갑이 누구의 지갑인지를 나타내는 역할을 맡고 있으며, 현행의 은행통장 계좌번호와 같은 역할을 한다. A는 자신이 지불할 금액을 B의 지갑 주소를 받아 비밀키를 이용해 서명함으로써 비트코인 지불을 완료한다. 즉 비밀키와 공개키의 서명이 이뤄지면 가상화폐 지갑 소유자는 비트코인을 다른 주소로 보낼 수 있게 된다.

서비스를 이용했던 A와 제공했던 B간의 비밀키와 공개키 서명이 이루어져 거래가 되면 과연 이용자 A가 진짜 비트코인을 가지고 있었는지에 대한 검증을 실시하게 된다. 비트코인에서는 작업증명Proof of Work이라고 불리는 일련의 검증작업을 전 세계 비트코인 노드(비트코인 채굴 참여자)들에게 알리고 각각의 노드들은 해당 거래의 검증작업을 실시하게 된다. 비트코인 채굴 참여자들은 해당 거래에 대한 증명을 해주고 거래들의 묶음을 블록에 저장하고 이전의 블록에 연결해 나가고 그에 대한 대가로 비트코인을 받게 된다. 이런 일련의 과정들이 현재에도 계속 이루어지고 있으며 이것이 블록체인 기술의 핵심이다.

지금껏 일반인들이 경험해보지 못한 기술이기에 상당수의 사람들은 이런 블록체인을 이해하는데 어려움을 호소하거나 무시해버리는 경향이 있다. 하지만 우리들은 블록체인을 이해하기 위한 노드, 작업증명 등의 생소한 단어들을 굳이 머리를 싸매고 이해하려고 노력하지 않아도 된다. 산업이 발전하고 정보화 사회가 진행되면서 우리들은 삶 속에서 여러 가지 기계 장비들을 가지고 다니지만 자기가 가지고 있는 스마트폰 혹은 노트북 등이 어떤 기술을 이용해서 인터넷에 연결하고, 어떤 기술을 이용해 더욱더 좋은 사진이 나올 수 있는지

　4차 산업혁명 시대 IT 트렌드 따라잡기

를 연구하지 않는 것과 같은 이치다. 즉 인터넷이 우리 삶 속에 다가왔고, 모바일 5G시대를 살아가는 우리가 굳이 인터넷 연결 프로토콜인 TCP/IP를 일상생활에서 이야기 하지 않듯이, 향후 우리가 암호화폐를 이용하면서 굳이 블록체인 기술이 무엇이고 어떻게 사용되고 있다는 것을 이해하지 않아도 된다는 뜻이다.

블록체인 기술의 발전
그리고 스마트 컨트랙트

비트코인에서 작동하는 블록체인을 보통 1세대 블록체인이라고 한다면 그 이후에 탄생한 암호화폐 중 하나인 이더리움은 블록체인 2.0이라고 불리는 기술을 가지고 있다. 스마트 컨트랙트Smart Contract라는 기술인데 블록에 계약 내용을 담을 수 있게 해 블록체인의 확장 가능성을 높인 기술이다.

이더리움Ethereum의 창시자 비탈릭 부테린Vitalik Buterin은 이더리움을 앱을 실행시키는 수단이 아니라 월스트리트를 개혁할 수 있게 하는 수단으로 보았다. 현행의 통화 및 상품이 거래되는 전통적인 금융에서 벗어나 원장 운영 서비스가 필요 없고, 증권 인수를 토큰으로 대체하는 디지털 화폐 금융 시장을 꿈꿨던 것이다. 이더리움은 비트코인처럼 블록체인을 활용한다는 점은 유사하지만 비트코인의 단점으로 지적받은 점을 단숨에 극복했다. 블록사이즈 문제로 많은 거래를 담지 못하는 한계점을 해결하고 블록 생성주기를 비트코인 기준 10분에서 단 12초만으로 확 줄였다. 그리하여 더 많은 거래를 담을 수 있으며, 데이터 검증 또한 빨리 진행됐다.

비탈릭은 이더리움의 경쟁력은 범용성에 있다고 말한다. 이더리움 같은 공용 플랫폼에서 특정 기업이 블록체인을 통제하지 못하도록 공통 규칙을 정할 수 있는데, 이런 규칙은 기업, 개인, 개발자 모두에게 적용할 수 있는 장점이 있다. 우리가 이더리움에 주목하는 가장 큰 이유는 바로 분산화된 네트워크를 활용해 기존 몇 개의 글로벌 IT회사, 이동통신사 등에 좌우되는 인터넷 생태계를 바꿔 누구나 자유롭게 공유할 수 있는 생태계로 만들어가겠다는 주장 때문이다. 쉽게 말해 코인 세계에서의 안드로이드를 만들겠다는 것이 비탈릭 부테린의 생각이다. 안드로이드는 공개된 오픈 플랫폼이고 누구든지 앱을 개발하게 된다면 안드로이드의 앱 마켓에 올릴 수 있다. 이에 따라 모든 디바이스 제조업체들은 안드로이드를 기본 운영체제로 삼아 하나의 생태계를 구축해 나가고 있다. 이더리움도 마찬가지로 모든 사용자들에게 소스 코드 등을 오픈하고 있으며 DAPP(댑)이라는 블록체인 기반의 애플리케이션을 만들 수 있는 플랫폼을 제공하고 있다. 이런 개방형 생태계를 바탕으로 오랜 기간 금융 산업을 지배해온 패러다임을 바꿔 여기에 참여하고 있는 모든 사람들과 새로운 도전을 하고 있는 것이다.

이런 이더리움의 개방성과 확장성은 블록체인이 가지고 있는 근본신념 중에 하나인 분산된 사회를 만들어주는 역할을 하게 된다. 기존 금융시스템의 폐쇄적 구조가 아닌 상호간 연결과 감시를 통해 산업간 융합 및 다양한 생태계를 만들어 나가는 것이 그 예다. 비트코인이 시작한 블록체인 기반 기술을 이더리움이 스마트 컨트랙트 기술을 통해 블록체인 2.0으로 발전시켜 나가고 있다.

블록체인의 분화와 포크(Fork)

암호화폐가 사람들에게 많이 알려지고 통용하게 되자 기존 블록체인이 가지고 있는 문제점들이 드러났다. 블록사이즈의 한계로 인해 거래가 많이 일어나면 거래에 대한 검증이 늦춰지는 문제점이 발생했다. 현행의 비트코인 블록체인에서 1개의 블록은 1MB로 정해져 있기 때문에 저장할 수 있는 거래 내역이 초당 3~4건의 거래로 다수의 사람들이 거래를 많이 하게 되면 굉장히 한정적이다. 이러한 점 때문에 채굴자와 개발진 간에 누가 주도권을 잡을 것인지에 대한 논란이 많이 일어난다. 2017년 8월 비트코인 캐시가 탄생했던 배경도 바

로 비트코인 블록의 용량을 늘리는 방법을 두고 개발자들과
채굴자들 간의 대립이 빚어낸 것이다.

개발자들은 세그윗(Segwit)이라는 기술적인 방법을 통해
처리 용량을 키우자고 주장했고, 채굴업자들은 현행의 1MB
의 블록크기를 키우자고 주장했다. 비트코인 캐시는 기존의
비트코인에서 블록의 용량을 늘려 비트코인 거래 정체 해결
에 성공했는데, 최대의 마이닝풀(채굴업자 연합)이었던 앤트풀
의 우지한(중국 암호화폐 채굴업체 공동창업자) 비트메인Bitmain
대표 주도로 탄생했다. 비트코인 캐시를 쉽게 비유하여 설명
하자면 이렇다. 경부고속도로를 달리고 있는 아반떼 승용차
에 태울 수 있는 사람의 수는 4명 한정인데, 해당 차량이 고
속도로에 많아지면 정체현상이 나타난다. 그런데 비트코인
캐시 방법대로 블록의 처리용량을 늘린다는 것은, 정체된 부
산 방향 경부고속도로를 정체 없이 이용하기 위해 대구 부산
간 민자고속도로를 만들어 그곳에 관광버스를 투입해 더 많
은 사람을 태우고 달리는 것과 같다. 즉 비트코인 캐시를 사
용하자면 많은 사람을 태우고 달리는 관광버스는 기존의 경
부고속도로를 이용하지 못하고 대구 부산 간 민자고속도로
등의 지선으로 빠져야 되는데, 이를 블록체인 세계에서는 포
크라고 한다. 우리가 흔히 식사를 할 때 사용하는 포크를 의

미하고 긴 줄기에서 다른 가지로 뻗어나가는 형상이 마치 포크와 흡사하기 때문에 붙여진 이름이다.

하드포크

하드포크는 '네트워크' 포크라고도 이야기를 한다. 아래의 그림을 보면서 이야기 해보자면 우선 업그레이드가 이루어지지 않은 기존의 방식Follows old Rule 에 따른 블록들이 이어나가다가 어느 지점에서 기존방식과 새로운 방식Follows New Rules 두 개로 나뉜다. 글자 그대로 기존의 블록은 기존의 룰에 따라 만들어지므로 채굴자와 사용자 모두 코드를 업데이트해줘야지만 새로운 블록체인을 형성할 수 있다. 즉 프로토콜의 소프트웨어를 새 버전으로 업그레이드하지 않은 노드가 확인한 거래를 무효화해 블록체인의 경로를 분할하는 것이다.

윈도우를 예로 들자면 기존 윈도우 7을 쓰고 있던 상황에서 새로운 버전인 윈도우 10이 나오게 되는 것과 같다. 사용자들 모두 윈도우를 쓰고 있는 것은 같지만 윈도우 7과 윈도우 10은 사용자 환경 등이 다르기 때문에 이를 이용하는 사람들은 새로운 버전으로 반드시 업그레이드해야 한다. 한편,

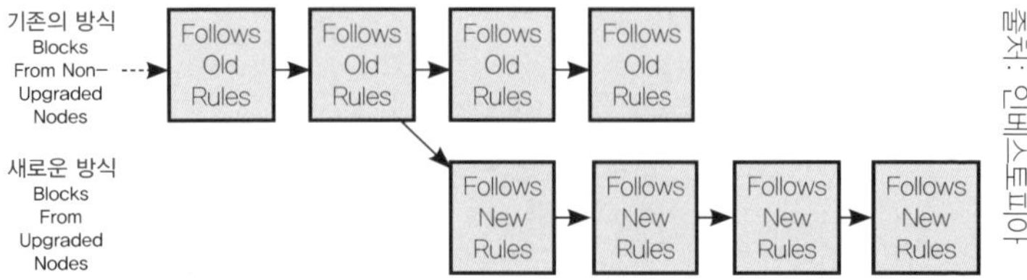

◆하드포크 블록체인 형성방식

이런 하드포크를 진행할 경우 코인을 채굴하는 채굴자들의 의견이 중요하게 반영되고 익명의 투표를 하기도 한다. 왜냐하면 블록을 만드는 것은 채굴자들이 하는 일이기에 그들의 컨센서스Consensus(공동체 구성원의 일반적 동의)가 합치해야지만 체인이 분리되는 것이다.

소프트포크

반면 소프트포크는 말 그대로 하드포크 보다는 부드럽다. 우선 쉽게 이해하기 위해 아래의 그림을 통해 소프트포크를 살펴보자. 기존의 법칙에 따라 블록이 생성되고 있지만 새로운 분기점에서 블록이 두 갈래로 나뉠 수 있다. 하지만 새로운 법칙New Rule과 기존의 법칙Old Rule을 함께 사용하다가 다수가 다시 이전 버전을 사용하게 된다면 소프트 포크의 의미

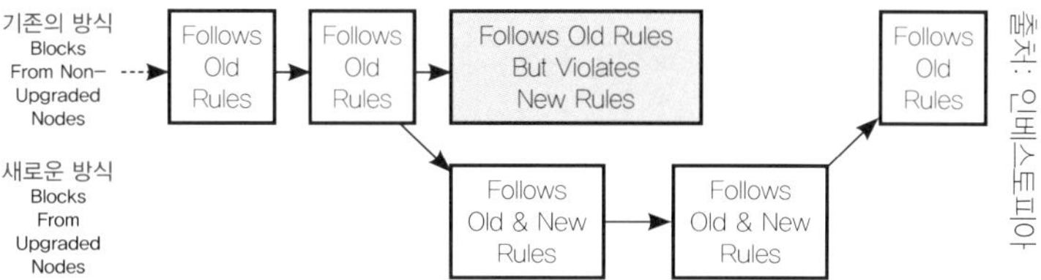

◆소프트포크 블록체인 형성방식

가 퇴색될 수도 있다. 사용자의 입장에서는 기존의 블록체인을 다른 블록체인으로 업그레이드를 하는 것이 아니라 그냥 평소와 같이 사용하면 된다. 사용자의 가상화폐 지갑을 업그레이드해야 되는 것도 아니다. 오직 채굴자가 새로운 거래 유형을 이해하고 업그레이드를 해야 한다. 이는 새로운 거래가 기존 고객에게 'Pay to Anybody' 거래로 나타나게 하고, 이런 거래가 새로운 규칙에 따른 유효성이 확인되지 않는 한 채굴자가 거래를 포함한 블록을 거부하는 것에 동의하게 함으로써 이루어진다.

블록체인 기술의 적용

이제까지 우리는 블록체인의 탄생부터 그 기술까지 간략하게나마 훑어봤다. 어떻게 블록체인이 탄생하게 됐으며 왜 그 기술이 중앙집권적 권력이 아닌 분권화 시대에 살아가는 개개인들에 의해 주도돼오는지를 이해한다면, 과연 이 기술이 우리의 삶 속에 어떻게 영향을 끼칠 것인가를 생각해보지 않을 수 없다. 블록체인 이전의 삶에 익숙한 기득권 혹은 중앙집중적 기관들은 새로 태어난 이런 기술에 대해 시기 어린 관심과 이에 대한 두려움을 극복하고자 블록체인 기술을 연구하고 있다. 한편 민간 부문에서는 이미 상용화를 끝내고 해당 기술을 이용한 다양한 비즈니스 모델을 만들어내고 있다.

금융

　금융부분은 블록체인 기술을 도입하려는 움직임과 동시에 잡음이 많이 발생한 곳 중 하나다. 비트코인 자체가 금융상품인지에 대한 논의가 가장 활발하게 이루어진 곳도 월스트리트를 관장하고 있는 뉴욕이었다. 현행의 금융시스템은 어떠한 제3자가 개인 혹은 개별 단위의 금융업무를 대행해주는 성격이 강한 비즈니스 모델을 가지고 있기 때문에 금융산업과 관련한 블록체인 이슈들이 끊임없이 발생했다. 금융 분야에 블록체인을 적용하고 있는 사례를 찾아보자. 블록체인의 반(反) 중앙집중적 가치에 가장 반하는 비즈니스 모델을 가지고 있는 은행권 해외송금 분야를 생각해 볼 수 있다. 현행의 은행시스템 속에서 대다수 은행들은 'SWIFT'라는 망을 통해 해외송금 업무를 시행하고 하고 있는데, SWIFT회사의 네트워크를 거쳐야 하기 때문에 시간과 비용이 많이 든다. 현재 다양한 블록체인 회사들이 이런 송금 시스템을 바꿔보려는 노력을 하고 있는데, 일반인에게 잘 알려진 '리플Ripple'이라는 회사의 모델을 바탕으로 설명해보고자 한다.

리플의 비즈니스 모델에서는 즉각적이면서도 자동화된 네트워크 최적 가격 설정 기능을 활용한 해외송금 서비스를 제공하겠다고 나섰다. 먼저 리플의 기술과 작동 방식을 살펴보면 다음 4가지의 기본 프로세스로 이루어진다.

(1)견적 검토: 은행들은 리플의 네트워크를 이용해 송금 견적 요청을 발송한다. 답장으로 받은 견적에는 환율과 수수료 그리고 제반 규정 준수사항이 포함된다.

(2)견적 수락: 그리고 은행들은 규정 준수 요구사항을 충족하는 최상의 조건을 제시한 견적을 수락하고 수신자의 은행은 해당 견적을 확정한다. 해당 시점에서 리플의 블록은 두 은행의 장부에서 애스크로 서비스와 같이 자금을 동결한다.

(3)송금: 은행은 송금자의 계좌에서 자금을 인출해 수신자의 은행으로 송금하고

(4)수령: 수신자의 은행은 수신자의 계좌에 해당 금액을 지급하고 수령했음을 확인한다.

리플의 해외송금 비즈니스모델은 이런 일련의 과정을 거

치는 데 단 몇 초만이 필요할 뿐이다. 보통 시중은행의 해외 송금 업무의 경우 며칠이 걸리는 것과는 너무나도 상반되는 결과다. 금융권에서의 블록체인 기술 적용이 이제껏 경쟁 상대가 없었던 'SWIFT'에 기존의 관행을 탈피하고 새로운 형식의 프로세스Global Payment Innovation Initiative: GPII를 찾아보게 하게 하는 촉매제가 되기도 했다.

해외송금 분야뿐만 아니라 기존의 금융권 백오피스도 블록체인의 영향을 받을 전망이다. 프런트오피스가 고객들의 주문을 받아서 체결을 시켜주는 것이 주된 업무라면 백오피스는 그 체결된 정보를 바탕으로 고객들의 계좌에서 돈을 입금시켜주거나 예탁결제원에 있는 증권을 매수자와 매도자의 거래내역에 따라 옮겨주는 것 등을 통칭한다. 일반적으로 잘 알려진 비트코인의 블록체인이나 기타 블록체인들은 한 블록에 담을 수 있는 거래량이 얼마 되지 않아 1초에도 수천수만 건의 거래가 체결되는 프런트오피스 업무에 블록체인 기술을 도입하는 것은 아직까지는 한계가 있다. 반면 백오피스의 경우 블록체인 기술을 통해 획기적으로 변화시킬 여지는 충분하고 많은 부분에서 변화가 일어나고 있다. 현재 국내 증권시장의 경우 체결이 일어나고 2영업일 이후에야 현금이 결제되는 식의 백오피스 업무가 진행되고 있지만, 블록체인 기술을 활용하게 된다면

거래 당일의 결제가 가능해질 수 있다

부동산

다양한 분야에서 블록체인 기술이 적용 가능하지만 아직까지 우리 삶 속에서 누군가를 신뢰하지 못해 지불하고 있는 비용이 가장 큰 부문이 바로 부동산일 것이다. 최근 모바일 플랫폼 구축을 통해 다양한 부동산 비즈니스 모델과 플랫폼이 등장하고 있다. 이 플랫폼의 공통된 화두는 바로 신뢰 증명과 편의성이다.

이 기능을 아주 잘 살린 부동산 앱이 요즘 인기다. 그중 쌍벽을 이루는 '직방' '다방'과 같은 기업들은 기존의 오프라인 환경이 제공하는 부동산 서비스를 모바일 환경으로 옮겨 사람들이 발품을 팔지 않더라도 많은 매물을 볼 수 있게 해준다. 모바일 환경으로 넘어 온 부동산 앱 서비스는 중개업자를 직접 찾아가지 않더라도 전국의 매물들을 쉽게 볼 수 있게 해주는 이점利點은 있지만 실질적으로 소비자가 부담하는 가격은 이전과 별반 차이가 없다. 그리고 플랫폼 서비스 제공업체도 자신이 업로드한 상품에 대해서 보증하는 확인 매물이라고 표시하기까지 직접 해당 매물을 확인해보는 수밖에 없

　　　4차 산업혁명 시대 IT 트렌드 따라잡기

었다.

　이제 여기에 블록체인 기술을 접목시킨다면 누군가가 올린 정보를 타인을 통해 검증 받는 절차를 거치게 된다. 부동산 비즈니스에서는 두 가지 모델을 떠올릴 수 있다. 하나는 기존의 부동산 중개업자를 거치지 않고 부동산을 거래할 수 있는 모델이다. 독일의 스타트업인 슬록(Slock)은 이더리움에 기반을 두고 스마트 컨트랙트 기술을 활용해 일정한 조건을 만족하면 자동으로 거래가 이루어지도록 했다. 부동산 임대 계약이 블록체인을 통해 이루어질 경우 에어비앤비와 같은 플랫폼이 없더라도 개인 간의 거래가 가능해진 것이다. 예를 들어 에어비앤비의 공유경제 모델처럼 빈집을 여행자들에게 대여할 경우 집주인이 입금내역을 확인하면 자동으로 여행자에게 스마트폰으로 잠금장치를 열 수 있는 권한을 부여함으로써 제3자의 개입이 필요 없는 설루션을 개발했다.

　또 다른 부동산 비즈니스 모델은 기존 부동산 중개업자를 통하지만 블록체인을 통해 매물 인증과정을 거치는 모델을 생각해볼 수 있다. 해당 부동산의 물건이 정확한 물건인지 그리고 이전의 거래 과정을 거치면서 어떤 정보들이 오고 갔는지에 대한 기록을 블록체인으로 실행시킨다면 부동산의 악의적 거래 혹은 정보의 비대칭성은 많이 줄어들 수 있다. 예를 들어, 부동산을 판매하고자 하는 사람은 거래하고 싶은 매물을 서비스에 등록하거나 부동산 중개업자를 통해 매물을 등재할 수 있다. 해당 매물에 대한 정보는 부동산 고유의 등록 정보를 바탕으로 데이터 인증 작업을 거치게 되고 이전에 등록됐던 가격 및 규모 등을 확인한 뒤 블록을 형성시킨다. 만일 기존의 정보와 다르거나 사실이 아닌 정보가 등록된다면 해당 신뢰도가 낮은 정보들은 블록체인에서 자동적으로 배제된다. 부동산을 구매하고자 하는 사람도 매물로 올라온 정보가 신뢰할 수 있는 매물부터 찾게 돼 부동산 시장에서의 매물 신뢰도를 높일 수 있는 선순환구조를 만들 수 있다.

정치 그리고 투표

과연 암호화폐와 블록체인 기술이 정치 영역에도 많은 부분을 바꿀 수 있을까라는 생각을 할 수도 있을 것 같다. 일단 블록체인으로 들어가지 않더라도 최근 기존의 정치를 바꾼 인터넷 정당을 이해한다면 블록체인을 기반으로 하는 정치도 쉽게 이해할 수 있을 것이다. 정보통신기술의 발달로 인해 인터넷이 생겨났고 인터넷은 정치영역까지 확장해나갔다. 이는 다양한 형태의 온라인 정치를 가능하게 만들어 기존 투표 기반의 간접민주주의에 개인 참여를 끌어들였고, 직접민주주의로 변화할 수 있는 기반을 만들었다. 이제 당원 가입도 손쉽게 인터넷으로 할 수 있으며 각종 후보자들은 일거수일투족을 소셜미디어에 업로드함으로써 손쉽게 일반대중들과 소통해가며 둘 사이의 거리를 좁히는 데 힘을 써왔다. 하지만 이런 인터넷 기반 토대가 마련된 지금까지도 직접 참여 정치보다는 대의 민주주의에 의한 현실 정치가 이루어지고 있다. 블록체인 기술이 정치에 도입이 된다면 어떻게 될까?

블록체인 기술을 바탕으로 토큰 기반 정치 시스템 도입을 목표로 하고 있는 호주의 플럭스당Flux Party을 통해 살펴보자. 플럭스당은 정책이 없기 때문에 기존의 전통적인 정당과는 매우 다른 형태를 보여준다. 플럭스당의 창립자인 맥스 카이 Max Kaye는 모든 예비 법안은 당원이 온라인 투표권을 가지고 있으며 어떤 법안을 통과시킬 것인지에 대한 모든 권한은 각각의 당원이 가지고 있다고 말한다. 블록체인과 같은 토큰을 사용하는 블록체인 기반 투표 시스템은 일반적으로 유권자가 원하는 결과와 상원의원의 결정 사이에 존재하는 간극과 마찰 요인을 제거한다. 어떤 법안에 대한 당원들의 투표 결과가 7:3의 비율로 나오게 된다면, 해당 당의 상원의원도 마찬가지로 7:3의 의견으로 투표를 해야 하는 점에 있어서 정치적인 요인이 없는 완벽한 직접민주주의 체제를 만들어낸다.

물론 이런 식의 투표 방식과 정치 행태가 이제껏 이뤄온 정치체계를 한 번에 뒤바꿀 수는 없을 것이며, 시민들의 직접적인 정치참여가 당연시돼야 하는 것도 아니다. 또한 상원의원이 블록체인으로 이루어진 정치 시스템의 투표 결과를 본회의에서 그대로 이행해야 한다는 법적인 구속력도 없다. 그리고 이런 블록체인을 통한 투표는 향후 어떠한 식으로든 악의적인 행위가 일어난다면 개별 신분이 그대로 노출되는 단점도 있다. 그럼에도 불구하고 어떤 나라들은 블록체인 기반의 투표를 시행하는 방향으로 진행되고 있다.

에스토니아 공화국은 2016년 탈린 증권거래소에 상장된 회사의 주주들에게 블록체인 기반의 주주 의결권 행사 투표를 시범 사업의 일환으로 시행할 것이라고 발표했다. 이 증권거래소는 나스닥이 운영하고 있다. 주주총회에서 모든 주주의 주권 행사를 블록체인 기술을 이용해 신분을 확인하고 투표했다. 주주들은 이전보다 더욱 편리하고 안전하게 기업의 지배구조와 관련된 의사결정을 할 수 있었다. 이런 블록체인 기술을 통해 투표를 신속하고 안전하게 기록할 수 있었기 때문에 노동 집약적인 전통적 투표 방식보다 프로세스를 간소화할 수 있는 장점이 있었다. 물론 이런 방식이 기존에 우리가 알던 정치적 투표 방식이 아니라 해도, 향후 블록체인 기술을 통해 정치적 투표 방식이 어떻게 한 단계 도약할 수 있는지를 보여주는 사례이기에 주목할 만하다.

4차 산업혁명 시대의 블록체인

4차 산업혁명이 진행되면서 빅데이터, 인공지능, 가상현실 VR: Virtual Reality 등의 단어들에 이제 '블록체인'이라는 단어를 포함시켜도 이상하지 않을 만큼 블록체인 기술은 4차 산업혁명 시대를 이끌 대세가 될 것이라는 것에 이의를 제기하는 사람들은 많지 않다. 다만 기존의 빅데이터, 인공지능, AR/VR, 자율주행자동차 등의 개념들은 시대가 발전해오면서 다양한 매체들에 의해 사람들에게 천천히 스며들면서 자각되기 시작했다면, 암호화폐를 기반으로 하는 블록체인 기술은 일반인들에게 갑자기 다가왔기 때문에 생각할 시간이

충분하지 않았다는 점이다. 그에 따라 블록체인 기술에 대한 회의적 시각도 존재하는 것이 사실이다.

블록체인 기술에 대한 회의론자들 대부분은 블록체인이 암호화폐를 기반으로 돌아가고 있다는 점과 그 암호화폐의 버블이 위험하다고 말한다. 하지만 이런 시각에는 블록체인이 가지고 있는 파괴적 혁신disruptive innovation이라는 부분이 간과되어 있다. 예전 2000년대의 IT버블과 비교해보자면 그 당시에도 기술적 혁명이 발생했고 그에 따라 투자자금이 몰리는 버블이 발생했다. 닷컴 열풍 덕분에 인터넷 기업이라는 타이틀만 있다면 매출이 없더라도 투자자금이 몰리던 때를 기억할 것이다. 그때와 지금의 분위기는 매우 비슷하다고 보여진다.

하지만 분명 닷컴 열풍의 버블은 사그라들었을지라도, 그 기반이 되는 인터넷 기술과 ICT 기술은 온전히 남아 우리의 삶을 바꿔놓았을 뿐만아니라 여전히 우리의 일상을 지배하고 있다. 빠른 인터넷 덕분에 다양한 정보가 오갈 수 있게 됐고, 다양한 IT 생태계가 동반성장하면서 스마트폰과 같은 혁신적인 기기들이 나올 수 있는 자양분이 된 것이다. 현행의 암호화폐 시장이 과열되고 있다는 점은 부정할 수 없는 사실이지만, 암호화폐의 원천기술인 블록체인과 여기서 파생된

다양한 기반 기술은 해당 버블이 사라진다 하더라도 우리의 일상 속에 조용히 파고들 것임이 분명하다.

앞에서 살펴본 적용 분야 외에도 블록체인은 암호화폐에만 집중하는 것이 아니라 다양한 산업과 비즈니스모델에서 작동할 것이다. 그것이 코인이 없는 블록체인 또는 사적 블록체인 영역이 되든 아니든 간에, 블록체인이 기존의 중앙집권적 패러다임을 분산된 패러다임으로 전환시키는 데 필요한 촉매제가 될 것임은 분명하다. 그렇기 때문에 우리는 블록체인 기술을 기존의 관리감독 측면에서 재단하려는 시도는 굉장히 위험할 수 있다. 일련의 국내 관리감독 당국에서 해당 기술을 재단하려는 시도들이 금융에만 국한돼 있어서 모든 블록체인 원천 기술의 발전을 저해할 수도 있기에 이에 대한 신중한 접근이 필요하다.

블록체인 기술은 인간의 판단력과 공간 극복의 기술로 사용될 것이다. 우리 삶에서 불거지는 거의 모든 문제는 상호간의 신뢰가 무너짐에 따라 발생한다. 그런데 바로 이 블록체인 기술이 인간 상호 신뢰 구축을 기반으로 그것이 맞는지 틀린지에 대한 판독을 가능케 했다. 기존의 닷컴 열풍의 산물인 인터넷과 네트워크의 발전으로 만들어진 현행 기술로 멋지게 해결책을 제시한 것이다. 앞으로 4차 산업혁명이 점진적으로 진행됨에 따라 블록체인 기술은 현재의 제한적 영역에만 머무는 것이 아니라 우리 생활의 근본적인 문제들을 점진적으로 해결해나가면서 우리의 삶 속에 조용히 스며들 것이다.

증강/가상현실

도구가 사람을 닮아가는 시대

3차 산업혁명은 컴퓨터의 발명으로 시작돼 인터넷으로 연결되고, 나아가 그 컴퓨터를 손에 쥐고 언제 어디서나 정보에 접근할 수 있도록 해주었다. 이 과정에서 사람이 컴퓨터를 어떻게 사용하느냐가 중요한데, 그 시대의 기술과 상황에 맞춰 발 빠르게 진화가 진행 중이다.

먼저, 초기에는 주어진 장소에서 고정된 PC본체, 정보를 볼 수 있도록 해주는 모니터, 명령을 입력하는 키보드와 마우스 등의 컴퓨터 기기를 활용했다. 이후 본체는 컴퓨팅 성능을 높이고, 모니터는 화질을 높여 처리하고 표현하는 정보량을 늘려

왔다.

모바일 인터넷이 가능해지면서 이제는 이동 사용에 적합한 입력 방법을 찾게 됐고 작아진 디바이스를 직접 손가락으로 제어하는 포인팅과 터치 방식으로 자리를 잡게 된다. 키보드와 마우스보다 직관적인 명령 입력이 가능하지만, 작은 화면과 표시 가능한 정보량이 적다는 점은 여전히 불편하다.

지금 시작되고 있는 새로운 방식의 컴퓨터 사용 방법은 사람이 일상생활에서 행동하는 방식 그대로 쓸 수 있도록 해준다. 쳐다보고, 손짓하고, 말하는 것을 그대로 명령으로 이해하고, 그 결과를 눈과 귀로 바로 보고 들을 수 있도록 하는 것이다.

이러한 변화의 과정에서 먼저 그 기술을 상품으로 제시한 회사가 시장을 장악하고 앞서 성장했다.

업무용 컴퓨터를 만들었던 IBM과 사용법이 어려운 전문가용 컴퓨터를 일반인도 사용할 수 있도록 사용법을 개선한 애플, 보다 많은 사람이 쓸 수 있도록 호환 컴퓨터에 운영체제OS:Operating System를 제공했던 마이크로소프트가 대표적이다. 물론 1990년대는 마이크로소프트가 주도했다. 2000년대에 들어서면서 인터넷을 통한 새로운 가능성에 눈을 뜬 구글은, 검색을 통해 혁신적인 기술 회사로 등장한다. 이후 아이폰의 애플은 모바일 인터넷 환경에서 사용되는 컴퓨터 관련 시장을 아직도 주도하고 있다. 앞으로도 달라질 컴퓨터 사용법의 진화를 누가 어떻게 대응할지 관심 있게 지켜봐야 한다. 그 변화를 먼저 선택하는 회사와 사람이 다음 시대를 주도하게 될 테니 말이다.

오늘날의 모든 기술은 사람을 위해 존재하고, 그중 대부분은 사람이 직접 사용하는 것이다. 이렇게 직접 사용할 때 사용자인 사람이 편리하다고 느끼게 하는 것이 중요하다.

편리함은 무엇으로 구성되고, 그 구성에는 어떤 기술이 필요한지, 그 기술로 만들어진 결과를 어떤 방식으로 제공해야 하는지를 우리는 알아야 한다.

현재의 사람은 진화를 통해 효율적으로 외부환경을 파악하고 이해한 다음 판단하고 행동하도록 만들어졌다. 이 과정을 몸으로 느끼지는 못하지만 우리는 무의식적으로 그렇게 동작하도록 설계된 것이다. 생명유지나 위험회피를 통해 개체의 안전과 번식에 도움이 될 수 있도록 진화했기 때문이다.

사람이 가지고 있는 감각기관은 크게는 5가지인데, 이 중 시각이 가장 많은 정보를 제공하는데 무려 83퍼센트를 차지한다고 한다. 다음으로는 11퍼센트에 해당하는 청각이며, 그 다음부터는 급격이 낮아져서 후각이 3.5퍼센트, 촉각이 1.5퍼센트, 미각이 1퍼센트다. 이 밖에도 평형과 위치를 알게 해주는 전정기관에 의한 감각도 있다.

감각기관이 외부환경을 물리적으로 측정해 뇌에 전달하는 과정을 인식이라고 한다. 실제 존재하지만 감각기관이라는 센서에 측정되지 않으면 우리는 존재하지 않는 것으로 생각하게 된다.

인식된 신호는 뇌에 전달돼 각 신호를 처리하는 부위로 가서 처리가 되는데, 이 과정에서 인식된 신호가 무엇인지를 알게 되는 인지의 과정을 거치게 된다. 인간의 감각과 인식 과정을 활용해 컴퓨터와 소통하는 인터페이스 방식을 '가상현실'과 '증강현실AR: Augmented Reality'로 정의할 수 있다

사람은 뇌로 본다

머리 앞쪽에 위치한 무게 72그램, 직경 24밀리미터 크기의 안구 2개를 통해 우리는 세상을 본다. 이 안구 안에는 눈으로 들어오는 빛의 양을 조절하는 홍채iris와 두께 조절을 통해 초점을 맞춰주는 렌즈 역할의 수정체, 빛을 받아 상이 맺히는 카메라의 필름과 같은 역할의 망막retina이 있다. 빛이 통과하는 어둠상자인 안구 안에는 영양을 공급하는 혈관과 신호를 전달하는 시신경이 같이 있다. 이 혈관과 신경은 망막의 특정 부위를 지나서 뇌로 연결 되는데 이 부분을 맹점blind spot이라고 부른다. 재미있는 것은 이 부분은 시신경이 없어서 사람은 볼 수가 없다는 것이다. 흔히 우리가 '맹점이 드러났다'고 말할 때 쓰는 바로 그것이다.

안구를 거쳐 들어와 시신경에 전달된 신호에는 혈관과 신경의 그림자 및 맹점 부위의 검은 영역이 모두 포함돼 있다. 한편 2개의 안구에서 들어온 신호도 거리에 따라 다른 형태를 갖게 된다. 이렇게 불완전한 신호를 해석하기 좋도록 처리하고 분석한 후 뇌는 영상이 무엇인지를 인지하게 된다. 이 인지의 과정에서는 실제로 눈이 본 것과 기억으로 저장된 시각 경험과 비교를 통해 최종적인 인지를 하게 된다.

이러한 시각 외에도 청각과 촉각 등으로 들어온 정보를 종합해 사람은 현재 있는 위치, 온도·습도, 눈에 보이는 풍경 등을 종합해 외부환경을 이해하게 된다.

인류는 진화 과정에서 생존에 유리한 방향으로 진화를 했다. 위험을 빨리 알고, 회피하는 데 필요한 기능이 발달한 결과 다음과 같은 특징을 가지게 됐다.

먼저 사람의 눈이 볼 수 있는 범위를 말하는 시야각FOY, Field of view이 있는데, 얼굴에 위치한 2개의 눈으로 세상을 입체감 있게 인지할 수 있는 범위는 상하 120도와 좌우 120도다. 대부분 우리가 바라보는 범위는 이 시야각을 말하는 것으로 AR/VR에서는 기본 조건으로 생각하는 시야각이다.

또한 2개의 눈으로 따로 볼 수 있는 가장자리 범위까지 고려하면 범위는 더 넓어져서 좌우 210도 정도가 된다. 선명하게 볼 수는 없으나 뭔가가 지나가는 느낌이 든다면 이 시야각 범위에 해당된다. 이 정도의 시야각을 지원하는 '스타VR' 같은 일부 VR 단말이 소개되기도 했다.

동물의 경우, 시야각은 생존경쟁의 위치에 따라 다른데 토끼와 같은 초식동물은 포식자를 판단하기 위해 주변 시야가 351도나 된다. 반면 포식 동물은 정확히 먹잇감을 잡기 위해 양안 공동시야가 120도인 것은 모두 생존에 유리하도록 진화한 결과다.

다음으로 중요한 것은 눈으로 대상을 얼마나 선명하게 볼 수 있는지를 결정하는 해상력이다. 이 해상력을 이해하려면 사람의 눈이 어떻게 구성돼 있는지를 알아야 한다. 사람이 글을 읽을 수 있을 정도로 선명히 볼 수 있는 범위는 5~8도 정도다. 그런데도 우리가 선명하게 볼 수 있는 이유는 사카드saccades라는 안구운동을 통해 본능적으로 관심이 가는 부분을 연속적으로 시선을 이동시키면서 선명하게 볼 수 있기 때문이다. 뇌가 이를 전체적으로 조정해주기 때문에 우리는 선명히 본다고 착각하는 것이다. 따라서, 우리 눈의 해상력은 시야각 5도(중심와中心窩 시각)의 시세포량을 통해 알 수 있다.

대체로 우리 눈의 시야가 120도 범위의 해상도를 계산해 보면 7,200×7,200픽셀과 유사하다. 결국 AR/VR단말이 처리해야 할 궁극적인 해상도는 7.2K정도인 것이다. 또 우리가 시각을 사용할 때 중요한 것은 움직임을 인지하는 것인데, 이 것은 주변의 밝기와 보는 사람의 몸의 움직임에 따라 수준이 결정된다. 사람은 밝은 곳에서는 1초에 200개 정도의 움직임을 구분할 수 있지만 어두워지면 급격히 구분 능력이 떨어져 15개 정도가 된다. 극장 같은 어두운 곳에서는 1초에 24장 정도의 정지 영상을 보여주면 눈의 잔상효과를 통해 동영상으로 인식한다. 거실 같은 그늘 정도의 밝기에서는 60개 정도인데 TV에서 사용한다.

하지만 AR/VR에서는 상황이 달라지는데, 밝기뿐 아니라 머리나 몸을 움직이기 때문에 멀미 없이 자연스러운 움직임을 느끼려면 90~120개의 화면을 제공해야 하고 지연latency이 적은 영상처리가 필수다. VR에서는 움직임이 발생한 후 움직임이 반영된 영상이 눈에 보일 때까지의 시간을 MTPMotion to Photon지연시간이라고 해 중요하게 관리한다. 보통 20밀리초msec정도의 지연을 권고한다.

이러한 영상처리는 GPU의 연산량을 증가시고, 그 결과 발열과 배터리 소진이라는 결과를 만든다. 눈의 이러한 특성에 따라, AR/VR이 만들어야 할 단말은 위의 조건을 충족시켜야 한다. 아직도 많이 부족한 상황이어서 글로벌 사업자는 많은 연구 예산을 투입해 광학, 디스플레이 및 GPU 영상처리 분야의 새로운 기술혁신을 만들기 위해 노력하고 있다. 2020년에는 소비자가 쓸 만한 안경형 AR/VR단말이 등장할 것으로 보인다.

3차원의 세상을 여는 방법

최초의 카메라부터 현재의 초고해상도 DSLR 카메라까지 모든 영상은 2차원이다. 이 말은 3차원으로 생긴 우리 주변 공간을 필름이나 CCD 및 CMOS 등의 평면 광센서를 통해 사진으로 찍고 이를 가공해 스마트폰이나 모니터와 같은 평면 디스플레이로 본다는 것이다. 그리고 보는 사람은 영상을 찍은 사람의 시점과 같은 시점을 보게 된다는 두 가지 의미를 갖는다. 이렇다 보니 마우스와 같이 2차원의 포인팅을 알 수 있는 툴이 사용되고 있고, 정보의 표시도 2차원으로 하고 있다.

위에서 말한 2차원의 세상은 해상도를 높이는 방향과 사용자가 정보를 소비하기 편리하도록 하는 방향으로 경쟁을 통한 진화가 계속됐다. 그런데 이제부터는 전혀 새로운 방식으로 전환이 일어나고 있다. 우리가 살아가는 환경과 같은 3차원 공간을 그대로 찍고 만들고 처리해 전송하고 최종적으로 우리 시야와 같은 구조로 소비하도록 하는 것이다. 차원이 늘어난 것이다.

3차원 공간에 사용자가 들어가면 먼저 어디에 위치해 있는지, 어디를 보는지에 따라 눈에 보이는 것이 달라지면서 사용자는 시점의 자유를 얻게 된다. 이러한 새로운 경험은 지금까지 있어왔던 영상 제작·소비의 문법을 재정의해야 하며, 콘텐츠의 제작·가공·전송·재생·표출의 전 과정에 새로운 기술과 방법론이 필요해진다.

1994년 예일대의 폴 밀그람Paul Milgram 교수는 AR/VR을 설명하기 위해 아래 그림과 같은 개념을 제시했다. 왼쪽 끝에 현실Real을 두고 오른쪽 끝에는 가상현실VR을 둔 다음 그 혼합의 정도로 증강현실AR과 증강가상AV을 정의했다. 그리고 혼합이 존재하는 구간을 혼합현실MR이라고 정의했다. 현실 위에 가상의 정보 비중이 높을수록 가상에 가까워지는 구조로 설명하고 있다. 하지만 이것은 정의 개념적 구분이므로 실제 상황에 적용할 때 맞지 않는 경우가 생긴다.

VR은 시야전체를 가릴 수 있는 단말Head mount display을 통해 시야를 완전히 차단하고 그 위에 카메라가 찍은 실사 영상cinematic VR이나 가상의 콘텐츠를 눈에 제공하는 것이다. 사용자가 바라보는 스마트폰 카메라 영상이나 스마트 글라스의 투명유리를 통해 들어온 영상optical see through 위에 가상의 정보가 표시돼 편리하게 정보를 인지할 수 있으면 AR이라고 부르는 게 일반적이다.

AR과 VR은 사실은 같은 기술을 사용한다. 보여주는 방식만 차이가 있을 뿐이다. 아직 단말 기술이 충분하지 않아 VR용 단말과 AR용 단말을 따로 만들고 있다. 스마트폰의 핵심인 칩셋을 만드는 퀄컴에서는 AR/VR을 스마트폰의 차세대로 정하고 연구 활동을 펼치고 있는데, 이들은 AR과 VR은 통합돼 궁극적으로 XReXtended Reality이 될 것으로 설명하고 있다.

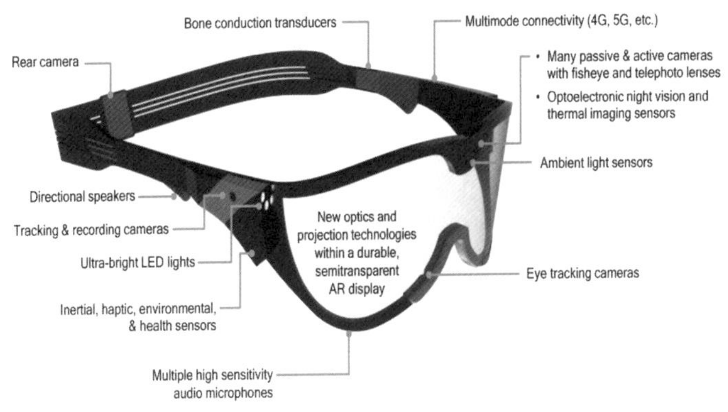

◆ 퀄컴 XR 글라스

　단말은 현재 우리가 사용하는 선글라스의 모양이며, 투명한 유리 전체를 디스플레이로 구현해 정보가 시야 전체를 덮으면 VR로 일부만 사용하면 AR로 동작하게 된다. 하지만 이런 매력적인 단말을 실제로 만들기 위해서는 풀어야 할 많은 과제가 있다.

　이를 풀기 위한 가장 중요한 과제로는 사람의 눈을 편하게 하면서 정보를 표시해주는 디스플레이의 확보다. 앞서 우리가 눈의 특징을 살펴본 것도 새로운 형태의 디스플레이 필요성을 이해하기 위해서다. 다음으로는 실사 위에 가상의 정보를 표시할 때 합성하는 기술이다. 실제 우리가 보고 있는 시야의 다양한 빛의 방향, 반사 환경을 잘 고려해 마치 실제와 같이 가상 정보를 영상처리하는 기술이다. 다음은 3차원 공간에 나의 움직임과 정보를 3차원으로 잘 표시하고 제어하기 위해 움직임을 추적하는 기술로 궁극적으로 사람의 인지 수준을 목표로 하고 있다. 또한 하루 종일 사용이 가능하고 1년 정도 성능이 유지되는 배터리 기술과 대용량의 3차원 영상 데이터를 전송해줄 새로운 5G 네트워크 기술도 필요하다. 여기서 언급된 기술은 현실화되는 데 짧게는 3년 길게는 10년 이상이 걸릴 것으로 생각된다. 이와 관련된 기술을 얼마나 빨리 확보하느냐가 미래의 'Next-스마트폰' 시대의 주인공 여부를 나누는 기준이 될 것으로 보인다.

현실과 가상을 이어주는
VR 소셜네트워크

　개인 간의 일상생활과 정보를 교환하는 SNS는 좀 더 친밀한 감정 소통을 위해 이모티콘을 사용해왔다. 이제는 좀 더 진화하여 서로의 얼굴을 재밌게 변형하거나 액세서리를 달아주거나 해서 재미있는 감정 교환이 가능하도록 한 단계 더 나아가고 있다. 대표적으로 국내는 네이버의 스노우가 있고, 해외에는 동영상에 다양한 변형과 합성을 가능하게 해서 재밌는 비디오 제작이 가능한 콰이Kwai가 있다. 페이스북도 앱 내에서 카메라로 찍은 영상에 합성을 해주는 기능을 넣었다.

　한편 이러한 기능을 활용하여 화장 시뮬레이션과 액세서

리 착용 시뮬레이션으로 만들어서 제품 구매에 도움을 주는 용도로 활용하는 사례도 늘어나고 있다.

웹툰에서도 상호작용을 넣는 사례가 점점 늘고 있다. 2017년 12월부터 네이버 웹툰은 독자의 얼굴과 닮은 주인공을 만들어주기도 하고, 만지기나 바람 불기 등의 상호작용을 통해 웹툰의 내용과 연결하여 만화 감상의 몰입도를 증가시키는 시도를 하고 있다. 이 서비스는 공개 1주일 만에 2000만 회의 조회수를 기록해 큰 인기를 끌고 있다.

현재까지 우리는 메신저와 블로그에서 간단한 이모티콘을 통해 감정과 상태를 표현하고 있고 일부 이모티콘을 유료로 구매해 사용하기까지 한다. 이러한 행태는 AR/VR로도 이어지는데 3차원 형태의 아바타가 그것이다.

AR/VR은 3차원 가상공간에서 나를 대신하는 아바타를 통해 가상세계에서 활동을 하거나 나의 감정 상태를 재미있게 직관적으로 전달한다.

최근 구글은 AR/VR용 프로그램을 도와주는 여러 서비스를 소개하고 있는데, VR 그림그리기를 도와주는 틸트 브러쉬Tilt Brush와 VR에서 3D 모델링을 도와주는 블록스Blocks를 통해 3D 객체를 쉽게 만들 수 있도록 지원하고 있다. 더 나아가 남들이 만든 3D 객체를 다운로드받아 사용할 수 있도

◆구글 3D 아바타 개발 플랫폼 구글 Poly

록 도와주는 3D 모델 저장소 폴리poly라는 서비스를 2017년 11월에 오픈했다. 이를 통해 AR/VR서비스를 만들고자 하는 개발자가 사용할 3D 객체 콘텐츠를 유·무료로 빨리 찾을 수 있게 됐다.

페이스북 친구를 가상공간에서 아바타의 모습으로 만나 악수를 하고, 대화를 나누고 셀카도 찍으며 다양한 공간으로 이동하기도 하며, 함께 음악을 들을 수도 있는 '스페이스'라는 서비스를 2017년 5월에 오픈했다. 이 서비스는 오큘러스 리프트Oculus Rift(가상현실 헤드셋 디스플레이)와 터치 리모콘으로 즐길 수 있는데, 시작하려면 자신을 닮은 아바타를 먼저 만들어야 한다. 현재는 최대 4명까지 가능하며, 메신저로 대화를 나누거나, 화상통화를 할 수 있다. 이러한 서비스가 확대되면 지구상에 서로 떨어져 있는 사용자들이 이러한 가상

◆페이스북 친구를 가상공간에서 만나는 '페이스북 스페이스'

세계에서 함께 모여 새로운 형태의 소셜 네트워크를 만들 수 있게 될 것이다. 그 가상세계는 국가와 민족과 같은 경계가 없는 새로운 형태의 가상 세상이 될 것이다. 이러한 미래를 위해, 페이스북은 '오큘러스 고'라는 199불의 저가 VR헤드셋을 2018년 1분기에 출시할 예정이다. 페이스북이 만들어가는 VR세상을 지켜보자.

바로 옆에서 알려주는 듯,
3차원으로 연결된 세상

PTC라는 회사는 기업의 제품 생산과정 및 공정 운영과 서비스 과정을 효율적으로 관리하는 설루션을 제공하고 있는 회사로, 기업 내에서 정확하고 빠른 소통을 지원하기 위해, AR 기술과의 접목을 시도하고 있다. 퀄컴으로부터 뷰포리아 Vuforia라는 증강현실 사업부를 2015년 11월에 인수해 이를 기반으로 다양한 AR기술 선보이고 있다. AR의 핵심기술 중 가장 중요한 부분인 영상인식과 AR 플레이어 기능을 제공하고 있다.

또한 IoT를 확대 중인 기업을 대상으로 IoT를 통해 모인

◆뷰포리아 초크

데이터를 목적에 맞게 가공하고 이용할 수 있도록 도와주는 싱웍스ThingWorx(IOT 플랫폼 구축 설루션)라는 서비스를 시작하면서 AR과 접목을 시도하고 있다.

최근에는 뷰포리아 세븐Vuforia 7이라는 AR 개발 플랫폼을 소개했는데, 애플과 구글이 제공하는 기술을 이용해 보다 정확하게 대상을 인식하고, 자연스럽게 콘텐츠가 표시되도록 기능을 제공하기 시작했다.

아래 그림은 서로 다른 장소에 떨어져 있는 두 사람이 스마트폰에 나타난 화면에 서로 메모를 통해 작업을 지시하는 모습을 구현한 뷰포리아 초크Vuforia Chalk라는 서비스다. 작업자가 손에 든 스마트폰을 움직여도 메모는 원래 작업이 지시된 위치에 그대로 있어 실수 없이 작업을 할 수 있다. 이런 서비스는 산업 현장의 작업지시뿐 아니라 일상생활에서도 널리 쓰일 수 있다. 리모콘 사용법을 모르는 멀리 떨어져 있는 부모님께 사용법을 알려주거나, 전자제품이 고장이 나서 AS센터에 전화를 했을 때 고장 상황을 보다 쉽게 설명할 수 있고, 콜센터 직원은 조치법을 쉽고 간단하게 짧은 시간에 전달할 수 있게 된다.

떨어져 있는 두 사람의 정확한 소통을 위해 문자, 음성, 영상으로 발전된 기술은 방법을 진화시켜 왔는데, 이제는 상대가 있는 공간과 공간 속의 대상을 3차원으로 가지고 와서 필요한 정보를 화면에 직접 표시해 소통할 수 있는 단계까지 진화하고 있다. 이로 인해 짧은 시간에 좀 더 정확하고, 안전한 소통이 가능해진다. 이러한 방식의 소통은 여러 산업 분야에서 비용 절감을 위해 사용이 늘어날 것으로 예상된다.

이제는 가지 않아도, 만나지 않아도 같이 경험할 수 있는 세상

　시내에서 떨어진 대형 테마파크에 교통체증을 뚫고 도착해서 다시 긴 줄을 서서 표를 끊고, 뜨거운 햇살을 견디며 놀이기구를 타던 모습은 이제 과거가 돼가고 있다. 건물 내 일정한 공간에 VR 헤드셋과 시뮬레이터를 통해 다양한 테마를 경험할 수 있는 실내형 테마파크의 보급이 늘어나고 있기 때문이다.

　멀티플렉스 극장에서 영화를 보는 전후 시간을 이용해서 짧은 시간 동안 재미있는 경험을 제공하는 사례가 확산되고 있다. CJ CGV는 2017년 8월, VR 버스터즈를 오픈해 가상 스포츠를 즐기는 체험자가 지속적으로 상승하는 인기를 누리고 있다. 특이한 것은 여성 이용자가 남성 이용자보다 2배 많으며, 주로 25~34세가 전체 이용자의 43퍼센트로 젊은 층의 문화로 확대되고 있다는 사실이다.

간단한 캐주얼 게임 중심으로 VR 테마파크 콘텐츠의 확산이 계속될 것으로 보인다.

한편, 극장 외에도 VR/AR을 이용한 전용 대형 테마파크도 늘어나고 있는데, 문광부 지원을 받아 2017년 8월에 송도에 오픈한 몬스터 VR이 대표적이다. 위 그림과 같이 1명이 상하 방향의 움직임을 체험할 수 있는 VR 번지점프, 4명이 6자유도(x,y,z 축과 x,y,z 회전축이 결합된 3D 회전 방식)의 움직임을 동시에 체험할 수 있는 VR 정글 래프팅, 4명이 같이 열기구를 타고 다양한 정글의 지형과 동식물을 관찰할 수 있는 VR 정글 열기구가 있다. VR 헤드셋과 시뮬레이터가 정교해지고 해상도가 높아짐에 따라 테마파크가 제공하는 품질도 동시에 나아져, 더욱 보급이 확대될 것으로 예상된다.

PC기반의 게임을 성장시킨 원동력은 대규모 다중접속 역할수행게임MMORPG이었다. 인터넷으로 연결된 서로 다른 장소의 사용자들이 서로 연결되고 하나의 게임에서 상호관계를 갖게 됨에 따라, 마치 인간사회가 게임세계에서 구현되는 재미를 느끼게 되면서 사용자가 늘어나고, 이 시장도 같이 성장한 것이다.

 VR에서도 여러 명이 한 게임에서 서로 협력해 문제를 풀어가는 형태의 게임이 늘어나고 있다. 6자유도를 측정할 수 있는 장비와 헤드셋 및 총과 같은 콘트롤러를 착용한 후 전용 공간에서 같이 게임을 하는 식으로 동작한다. 더 나아가 서로 따른 전용공간을 인터넷으로 연결해 게임이 진행 중인 가상공간에 실제 있는 것처럼 게임을 진행 할 수 있도록 해준다. 이와 같은 형태의 게임은 호주의 '제로 레이턴시ZERO LATENCY' 회사가 대표적인데, 2015년 8월에 처음으로 멀티 플레이 VR 게임을 선보였다. 현재는 국내 VR 게임회사들도 준비하고 있거나 출시를 했다. 그중 FX 기어는 자체적으로

◆다자간 VR게임 제로 레이턴시

만든 VR 헤드셋과 게임을 묶어 간단한 케주얼게임과 대규모 다중접속 역할수행게임도 준비해 중국시장으로 진입을 시도하고 있다.

현재까지는 우리가 보는 생방송 스포츠 중계 영상은 경기장에 설치된 다수의 카메라가 찍은 영상을 방송국의 PD가 방송 흐름에 맞게 선택한 영상을 이어 붙여 조합한 것이다. 시청자는 방송국이 제공하는 화면을 그냥 보기만 할 뿐 선택권이 없다. 그런데 이제 기술혁신에 따라 경기장의 다양한 위치의 시점 영상과 심지어 카메라가 없는 위치의 영상까지도 시청자가 선택해서 볼 수 있는 시대가 열리고 있다.

영화 '매트릭스'에서 주인공이 총탄을 피하는 장면, 360도 방향의 모든 각도에서 보여준 영상을 기억할 것이다. 이런 영상을 이제는 내 마음대로 정한 방향에서 자유롭게 연결해서 볼 수 있다는 의미다.

현재 많은 기업들이 이 기술의 상용화를 진행하고 있는데 가장 대표적인 곳이 인텔이다. 인텔은 프리DTM라는 기술을 사용하는데 경기장 주변에 30여 대의 카메라를 설치하고 여기에서 촬영된 영상을 실시간으로 처리해 복셀(부피를 갖는 픽셀)로 구성된 3DCG형태의 영상으로 재구성하고, 3D 리플레이 기술을 활용해보고 싶은 시점 영상을 만들어낸다. 현재

◆자유시점 영상을 만들어주는 인텔 freeD™

농구, 미식축구, 야구 등의 경기에 사용되고 있다. 미래의 스포츠 중계는 내가 보고 싶은 위치와 시점의 영상을 선택해서 볼 수 있고 이러한 영상을 기존의 TV 화면이나 VR 헤드셋을 통해 감상하게 될 것이다. 또한 경기장 안에서의 선수나 심판의 시점 영상도 볼 수 있게 돼 더욱 실감나는 체험이 가능하게 될 것이다.

또, 개인이 사용하는 기존 카메라는 촬영자가 보고 있는 장면 중 찍고 싶은 영역을 선택해 촬영하므로 시청자는 찍힌 대로만 봐야 한다. 그런데 360카메라로 찍은 영상은 시청자가 그 공간으로 이동해보고 싶은 방향의 영상을 볼 수 있도록 해준다. 초기에는 낮은 화질로 만족도가 떨어졌으나 최근 중국의 '인스타 360'에서 4K고화질로 360도 생중계가 가능한 제품이 출시돼 현장에 있는 체험과 시청이 동시에 가능해졌다. 앞으로 8K 360생중계가 우리에게 제공될 날이 머지않았다.

교육에서 AR/VR의 가능성을 찾다

　실습을 통한 반복과 재미를 통한 강화가 필요한 유아 학습 분야에서 AR을 이용한 다양한 시도가 늘어나고 있다. 그 중에서도 기존의 패드에 간단한 도구를 추가해 상호작용이 가능한 교육프로그램이 만들어 지고 있는데 오스모OSMO도 그 중에 하나다. 2014년에 시작된 이 게임형 교육프로그램들은 많은 교육 어워드에서 수상을 하면서, 현재 42개국, 2만 5,000만개 학교에서 사용 중이다.

　동작 과정을 보면, 기존의 패드에 있는 카메라에 작은 거울을 달아 패드 아래쪽 종이에 뭘 쓰는지, 어떤 퍼즐 조각이

어느 위치에 있는지를 측정할 수 있도록 했다. 사용자인 어린이가 패드 화면에서 지시하는 대로 종이 위에 그림을 그릴 수도 있고, 퍼즐을 움직일 때 방향과 맞는 위치를 안내받을 수도 있다.

카메라가 찍은 사용자의 반응을 AR 교육프로그램이 판단해 패드 화면에 안내정보와 함께 출력하는데, 이 동작은 AR의 가장 대표적인 상호작용이며 현실영상위에 정보를 추가해주는 특성이 되는 것이다.

최근에는 프로젝터를 활용한 예가 늘어나고 있다. 깊이를 인식할 수 있는 뎁스Depth 카메라를 장착한 AR이 가능한 프로젝터를 체육관에 설치해 벽면에 비치고 있는 풍선을 농구공으로 맞추면, 카메라는 농구공의 위치를 정확하게 측정해 그 위치의 풍선이 터지도록 화면을 제어하는 구조로 동작한다. 아이들은 이런 과정을 통해 더 재미있게 운동을 할 수 있고, 학교나 선생님은 별도의 물리적인 수업 준비를 하지 않아도 되므로 비용을 줄일 수 있다.

최근에는 KT가 'TV쏙'이라는 AR/VR기술을 이용해 IPTV화면에 유아용 캐릭터와 유아가 같이 노는 모습을 합성해 보여주는 서비스를 2017년 5월부터 시작했다. 이러한 3차원 상호작용이 가능한 AR 기반의 교육 사례는 지속적으로

◆유아 교육용 콘텐츠

늘어날 것으로 생각된다.

2년 전 구글은 VR기술을 이용해 몰입형 영상을 통한 가상 현장 교육을 시작했고, 200만 명이 넘는 학생들이 저가 VR 단말을 통해 가상현실을 경험했다. 이후 구글은 개발자 컨퍼 런스인 구글 I/O에서 교육 플랫폼인 익스페디션에 VR에 이

 4차 산업혁명 시대 IT 트렌드 따라잡기

어 AR을 2017년 5월 추가 계획을 공개했다.

구글이 개발 진행 중인 탱고Tango 기술을 이용해서 스마트폰의 상세한 위치를 찾고, 특정 물체를 인식하도록 한 후, 준비된 3D 모델링된 콘텐츠를 보여준다. 이런 기술을 활용하면 지구과학 수업을 받는 학생들이 종이 위의 그림이나 사진, 또는 TV화면의 동영상으로만 확인 가능했던 부교제보다 더 실제와 같은 화산 분출이나 DNA의 모양 등을 3차원으로 바로 볼 수 있어 교육효과가 훨씬 크다.

현재 AR이 가능한 스마트폰을 이용해 실제 형상을 수업받는 공간에서 바로 확인할 수 있어, 좀 더 빠르고 정확하게 교육 내용을 이해할 수 있도록 해준다. 이러한 교육 분야의 다양한 시도는 의료 분야, 항공정비 분야 등 복잡한 3차원 구조를 이해해야 하는 분야를 중심으로 확대되고 있다.

4차 산업혁명의 인터페이스, AR/VR

현재까지는 정보를 검색하려면 검색어를 생각하고, 손으로 타이핑해 입력하면 검색엔진이 그 결과를 모니터 화면에 보여준다. 사용자는 그 결과를 눈으로 읽으면서 그 안에서 필요한 정보를 스스로 찾아야 한다. 결과가 마음에 들지 않으면 다시 이 과정을 반복하게 된다.

AR 시대에서는 우리 시야 범위에서 주어지는 다양한 관심사를 쳐다보거나 지적하는 것으로 그 대상을 인식해 검색하고 실시간으로 내 시야 안에 그 결과를 바로 볼 수 있도록 해준다. 과거보다 훨씬 빠르고 편리한 정보 접근을 가능하게

한다. 이러한 AR의 목표는 인터넷의 다음 단계로 애기되기
도 한다. 중국의 AR/VR 정보사이트 87870.com은 AR을 '3D
인터넷'으로 부르기도 했다.

거의 모든 컴퓨터가 연결된 인터넷이 만들어지면서 각 컴
퓨터에 있는 정보를 효율적으로 교환하고 공유하기 위해 웹
브라우저로 자유로운 연결을 만들었다. 이를 실현하기 위해
정보를 저작·재생하기 위한 HTML이라는 표준 포맷이 만
들어졌고, 이를 잘 전송해주는 HTTP 프로토콜도 생겼으며
PC에서 이를 시각화해주는 브라우저가 생겼다. 이들 간에는
주도권 다툼이 치열했다. AR에서도 이와 유사하게 웹서비스
초기와 같은 고민이 있다. 저작, 유통, 재생을 아우르는 지배
력 있는 표준이 아직 없고, 그런 이유로 유통되는 콘텐츠도
미미하다. 더 문제는 스마트폰을 제외한 AR단말은 아직도
성능이 떨어지고 가격이 비싸며, 하루 종일 사용하기엔 부피
도 크고 배터리도 부족하다.

이를 극복하기 위한 다양한 노력이 시도되고 있으나, 새로
운 광학 디스플레이 기술이 필요해서 2020년 이후에 그 결과
가 시장에 나타날 것으로 생각된다. 그 전까지는 성능이 안정
된 스마트폰을 기반으로 AR 생태계는 성장할 것으로 보인다.

현재까지 소개된 VR 헤드셋과 VR 서비스는 대중을 만족시

키기에는 부족함이 많다. 가장 큰 문제는 아직 편하게 사서 쓸 만한 단말이 없다는 것이다. 10분 이상 지속 사용이 어려워 영화 한 편을 보는 것은 거의 불가능하다. 지속 사용을 어렵게 만드는 원인 VU멀미를 일으키는 움직임에 반영된 영상처리 지연, 광학소자의 저 품질, 헤드셋의 크기와 무게 부담, 머리에 쓰면서 발생하는 거부감 등이 있다. 이런 결과로 제한된 사용자를 대상으로 콘텐츠를 만들어야 해서, 대규모의 투자는 불가능한 악순환의 상황이 계속되고 있다.

단말 영역에서 혁신적인 제품이 등장해, 안정된 품질과 저렴한 가격으로 사용자층을 넓히면 이들을 대상으로 양질의 콘텐츠가 만들어져 생태계가 안정될 것으로 기대된다. 이 과정에서 저작, 유통, 전송, 재생의 전 과정에서 지배력 있는 표준이 등장해 AR과 더불어 성숙기로 진입할 것으로 기대해본다.

점점 기술적 한계를 돌파해나간다면 AR/VR은 4차 산업혁명에서 3차원 형태의 커뮤니케이션 방식으로 인간과 컴퓨터 간의 소통, 사람 간의 소통을 더 빠르고 효율적이며 무엇보다 직관적으로 만들 것이다.

마무리하며

인간은 공간과 시간이란 그물망 속에 갇혀 있는 존재다. 시공간은 인간 인식의 제한이기도 하고 인간의 물리적 행위의 기본 조건이기도 하다. 시공간 테크란 것은 시공간이란 인간의 기본 조건(제약)을 최대한 인간의 뜻대로 활용할 수 있도록 자원화하는 패러다임이다. 시공간 테크를 굳이 시간 테크와 공간 테크로 구분한다면, 시간 테크에 속하는 것은 인공지능과 블록체인이다. 인공지능과 블록체인은 인간 또는 인간 집단이 판단이 필요할 때, 판단에 걸리는 시간과 노력을 아껴주는 기술이다. 설비 자동화 시스템이 사물인터넷이라면 판단 자동화 시스템이 인공지능과 블록체인이다. 4차 산업혁명을 움직이는 기술들은 모두 인간의 타고난 물리적 한계 즉 인간의 조건을 극복 가능케 하는 것들이다.

이 글 첫머리에서도 말했지만, 이 기술들은 커머스 비즈니스를 통해 표면화·현실화될 것이다. 그때가 되면 어느 정도의 잡음은 사라지고 4차 산업혁명의 진면목이 드러날 것이다. 커머스에서 가장 중요한 것은 구매, 결제, 배송 3가지다. 즉, 커머스란 것은 구매, 결제, 배송의 프로세스다. 구매 시에 중요한 것은 정보이며 그중 고객이 가장 쉽게 판단할 수 있는 항목은 가격이다. 가격이란 것은 상품과 공급자의 수가 많아지면 쉽게 비교가 가능하다. 유통의 거리가 멀고 공급자와 상품의 실체 정보가 빈약할 때는 가격 정책Pricing과 가격 마케팅이란 것이 가능했지만 공급자 간의 경쟁이 치열해질수록 커머스에서 가격의 중요도는 떨어진다. 또, 결제의 경우는 핀테크 분야에서 해소될 영역이다.

공급자가 많고 어디에서나 통용되는 결제 수단이 갖춰진다면 커머스 기업의 차별성은 물류일 것이다. 고객의 인내 한계에 들어오는 배송이 글로벌 스케일로 가능하다면, 또한 해당 기업이 구매와 결제 영역에서 경쟁력을 갖춘다면 그 기업은 본원적 경쟁력을 갖춘 커머스 기업이 될 것이다. 이때 활용돼야 할 것이 인공지능, 자율차, 사물인터넷, 블록체인, 핀테크, 드론 같은 인프라 기술이다.

도이치 뱅크는 2016년에 발간한 보고서에서 아마존의 글로벌 물류 체인에 대해 전망한 바가 있다. 아마존의 선박이 중국, 또는 미래에 공장이 지어질 태평양 인근 아시아 국가에서 물건을 싣고 태평양과 대서양 국가들의 해안 물류센터를 향한다. 주문이 들어오면 배와 해안가의 화물 배분 시설에서 품목을 분류해 중간 저장 시설 없이 트레일러에 바로 적재한다. 자율주행트레일러는 고객에게 최종 배송하기 위해 아마존 자체 지역 물류센터를 활용하거나 세계적 물류 운송업체인 유피에스UPS, 페덱스FedEx를 활용한다.

아마존이 2017년 8월에 미국 특허청에 등록한 무인항공기

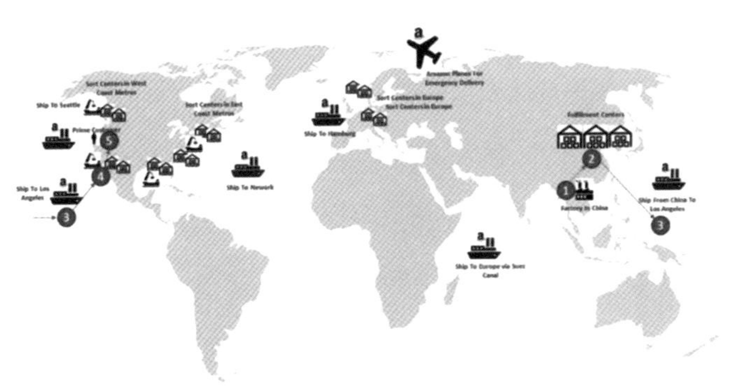

◆future of amazon supply chain

출처: 도이치 뱅크

를 위한 트레일러 형태의 유지보수 시설을 보면 도이치 뱅크의 전망에 한 걸음씩 다가가고 있는 것으로 보인다. 트레일러 형태라고 말한 것은 기관차, 컨테이너 박스, 도로 트랙터 또는 다른 차량과 결합할 수 있는 지상 기반의 복합 운송 수단이며, 드론 등의 무인항공기를 적재, 발사, 회수할 수 있다. 트레일러는 수요가 예측되는 지역으로 움직이고 고객 최종 배송last mile delivery는 드론이 처리하는 것이다. 고객의 주문이 접수되면 트레일러 안에 있는 로봇팔이 드론에 상품을 싣고, 트레일러가 열리면 드론이 고객의 주문지로 날아가는 것이다. 또한, 로봇팔은 드론을 트레일러 안에서 수리할 수도 있다.

물건을 탐색하고 구매하는 과정에서는 VR/AR 테크가 적용될 수 있다. 스웨덴의 이케아는 2017년 10월부터 실제 거실 앞에서 스마트폰을 들고 서서 이케아가 만든 의자, 소파, 테이블 등을 직접 배치해봐서 잘 어울리는지, 방 크기에 맞는지를 미리 시뮬레이션할 수 있는 앱을 제공하기 시작했다. 이를 위해 이케아의 제품은 3D를 기반으로 크기, 디자인, 기능까지 실제 비율로 제작했다. 고객이 이 기능을 통해, 가상으로 다양한 스타일과 색상의 제품으로 살고 있는 집을 어떻게 꾸며야 할지 영감을 얻을 수 있고, 가구 구매 결정도 빨리 할 수 있게 됐다.

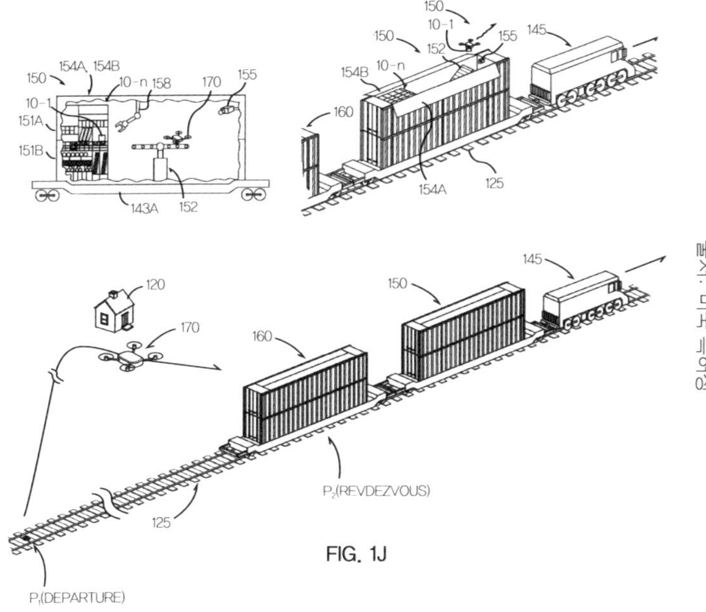

◆ 아마존 특허내용(위)

로봇팔의 드론 상품 적재 도면(좌), 트레일러의 드론 발사 장면(우)

◆ 드론의 라스트마일 배송 그림(아래)

온라인 쇼핑몰에서도 AR 기능 도입이 늘어나고 있다. 가전, 가구를 실내에 가상으로 배치해보거나, 실제 매장을 찾았을 때 AR로 제품정보를 얻기도 한다. 부피가 크고 가격이 비싼 가전제품의 경우, 잘 어울리는지 주어진 공간에 잘 맞는지를 미리 알면 구매 결정도 빨라지고, 설치작업의 오류도 최소화할 수 있게 된다.

◆ 이케아의 AR가구배치 '이케아 플레이스'와 아마존의 'AR뷰'

아마존은 2017년 11월에 애플 ARkit기반의 'AR뷰'를 아
마존 앱에 추가했고, 체형 플랫폼 개발 회사인 '바디랩스'를
인수해 고객의 체형을 3D 아바타로 만들어 가상의 옷을 입어
보고 구매 결정을 할 수 있는 새로운 형태의 AR 의류 쇼핑도

준비 중인 것으로 알려져 있다.

우리는, 우리 시대에 4차 산업혁명의 속성기술이라 일컬어지는 테크들이 완숙된 것을 볼 수 없을지도 모른다. 하지만 그저 예감할 뿐인 현재의 우리라 해도 후대를 위해 교육이나 제도 같은 것들을 준비할 수는 있을 것이다. 후손은 우리 자녀들의 총집합이므로.

4차 산업혁명 시대 IT 트렌드 따라잡기

펴낸날	초판 1쇄 2018년 4월 5일

지은이	편석준 · 우장훈 · 유현재 · 고태훈 · 이원섭 · 김용우
펴낸이	심만수
펴낸곳	(주)살림출판사
출판등록	1989년 11월 1일 제9-210호

주소	경기도 파주시 광인사길 30
전화	031-955-1350 팩스 031-624-1356
홈페이지	http://www.sallimbooks.com
이메일	book@sallimbooks.com

ISBN	978-89-522-3920-4 14560
	978-89-522-3919-8 14560(세트)

※ 값은 뒤표지에 있습니다.
※ 잘못 만들어진 책은 구입하신 서점에서 바꾸어 드립니다.

이 도서의 국립중앙도서관 출판예정도서목록(CIP)은 서지정보유통지원시스템 홈페이지
(http://seoji.nl.go.kr)와 국가자료종합목록시스템(http://www.nl.go.kr/kolisnet)에서
이용하실 수 있습니다.(CIP제어번호: CIP2018010191)

책임편집 · 교정교열 **김건희**